INTRODUÇÃO À
DINÂMICA DAS ESTRUTURAS
PARA A ENGENHARIA CIVIL

Blucher

Reyolando M. L. R. F. Brasil
Engenheiro Civil – EEUM, Doutor em Engenharia – PEF/EPUSP
Livre-docente – PEF/EPUSP
Professor Titular – UFABC

Marcelo Araujo da Silva
Engenheiro Civil – UFOP, Doutor em Engenharia – PEF/EPUSP
Diretor Técnico – RM Soluções Engenharia Ltda.

INTRODUÇÃO À
DINÂMICA DAS ESTRUTURAS
PARA A ENGENHARIA CIVIL
2ª edição revista

Introdução à dinâmica das estruturas para a engenharia civil
© 2015   Reyolando M. L. R. F. Brasil
          Marcelo Araujo da Silva
2ª edição revista
Editora Edgard Blücher Ltda.

Blucher

Rua Pedroso Alvarenga, 1245, 4º andar
04531-934 – São Paulo – SP – Brasil
Tel 55 11 3078-5366
contato@blucher.com.br
www.blucher.com.br

Segundo Novo Acordo Ortográfico, conforme 5. ed.
do *Vocabulário Ortográfico da Língua Portuguesa*,
Academia Brasileira de Letras, março de 2009.

É proibida a reprodução total ou parcial por quaisquer
meios, sem autorização escrita da Editora.

Todos os direitos reservados pela Editora
Edgard Blücher Ltda.

FICHA CATALOGRÁFICA

Brasil, Reyolando M. L. R. F.
    Introdução à dinâmica das estruturas para engenharia
civil / Reyolando M. L. R. F. Brasil, Marcelo Araujo da Silva.
– 2. ed. – São Paulo: Blucher, 2015.

    Bibliografia
    ISBN 978-85-212-0910-2

    1. Dinâmica estrutural 2. Engenharia das estruturas
3. Engenharia Civil I. Título II. Silva, Marcelo Araujo da

15-0462   CDD 624.171

Índice para catálogo sistemático:
1. Engenharia das estruturas

CONTEÚDO

1   INTRODUÇÃO 15

    1.1   Objetivos 15

    1.2   Aspectos conceituais e históricos 16

    1.3   Resumo 20

    1.4   Observação sobre a notação 20

2   MODELOS DE UM GRAU DE LIBERDADE 21

    2.1   Introdução 21

    2.2   Modelos de um grau de liberdade 21

        2.2.1   Vibrações livres não amortecidas 23

        2.2.2   Vibrações livres amortecidas 25

        2.2.3   Carregamento harmônico 26

        2.2.4   Carregamento de impacto 28

    2.3   Exemplos 29

        Exemplo 2.1 29

        Exemplo 2.2 32

        Exemplo 2.3 33

        Exemplo 2.4 36

        Exemplo 2.5 37

        Exemplo 2.6. Associação de rigidezes em paralelo 1 41

        Exemplo 2.7. Associação de rigidezes em paralelo 2 43

        Exemplo 2.8. Associação de rigidezes em série 44

3   MODELOS COM VÁRIOS GRAUS DE LIBERDADE 47

    3.1   Introdução ao Método dos Deslocamentos na Dinâmica 47

    3.2   Exemplo de um edifício de três andares 51

6   Introdução à dinâmica das estruturas para a engenharia civil

	3.2.1	Descrição do problema	51
	3.2.2	Montagem das equações do movimento	52
3.3		Vibrações livres não amortecidas	54
3.4		Exemplo de análise modal	56
3.5		Ortogonalidade e equações desacopladas	57
3.6		Método da Superposição Modal	59
		Passo 1: equações do movimento	59
		Passo 2: determinação das frequências e modos de vibração livre	59
		Passo 3: determinação das massas modais e carregamentos modais	60
		Passo 4: escrever as equações do movimento desacopladas	60
		Passo 5: determinação da resposta em cada modo	60
		Passo 6: determinação da resposta nas coordenadas físicas do problema	60
3.7		Exemplo utilizando o Método dos Elementos Finitos	61
		a) Matrizes de rigidez e de massa das barras	62
		b) Matrizes de rigidez e massa da estrutura	62
		c) Determinação das frequências de vibração	63
		d) Determinação dos modos de vibração	64
4	**SUSPENSÕES DE EQUIPAMENTOS: TRANSMISSIBILIDADE**		**67**
4.1		Introdução ao estudo de suspensões de equipamentos	67
4.2		Generalidades sobre o projeto de suspensões de equipamentos	68
	4.2.1	Critérios estruturais	68
	4.2.2	Efeitos e seus valores toleráveis	68
	4.2.3	Regras de projeto	69
4.3		Cargas dinâmicas dos vários tipos de máquinas	70
	4.3.1	Máquinas rotativas	71
	4.3.2	Máquinas com partes oscilantes	74
	4.3.3	Máquinas de impacto	75
4.4		Isolação de vibrações – Sistemas de 1 grau de liberdade	75
	4.4.1	Isolação de suspensões para carregamentos harmônicos	75
	4.4.2	Isolação de equipamentos para movimentos harmônicos de base	78
4.5		Controle de vibrações por meio de massas sintonizadas (TMD)	81
5	**FUNDAÇÕES DE MÁQUINAS ROTATIVAS**		**85**
5.1		Escopo e campo de aplicação	85
5.2		Conceitos	85
	5.2.1	Ações e efeitos	86
	5.2.2	Modelo	86

Introdução à dinâmica das estruturas para a engenharia civil

5.2.3 Máquina 86
5.2.3.1 Frequência de serviço 86
5.2.3.2 Faixa de frequência de serviço 86
5.2.3.3 Frequência de excitação 86
5.2.3.4 Qualidade de balanceamento 86
5.2.3.5 Momento acionador 86
5.2.3.6 Momento de saída 87
5.2.3.7 Forças de vácuo 87
5.2.3.8 Curto-circuito terminal e perda de sincronização 87
5.2.4 Geometria 88
5.2.4.1 Tipos de fundações 88
5.2.4.2 Diretrizes para pré-dimensionamento 88

5.3 Materiais e solo 91
5.3.1 Estrutura de concreto armado 91
5.3.2 Estrutura metálica 91
5.3.3 Solo 91

5.4 Cargas 91
5.4.1 Equipamentos 91
5.4.1.1 Generalidades 91
5.4.1.2 Cargas estáticas 92
5.4.1.3 Cargas dinâmicas 93
5.4.2 Fundação 93
5.4.2.1 Cargas permanentes 93
5.4.2.2 Cargas impostas 93
5.4.2.3 Deformação lenta e retração do concreto armado ... 93
5.4.2.4 Efeitos de temperatura, vento e terremotos 93

5.5 Projeto 94
5.5.1 Generalidades 94
5.5.1.1 Objetivos 94
5.5.1.2 Análise estática 94
5.5.1.3 Análise dinâmica 94
5.5.2 Estudo do modelo 95
5.5.2.1 Princípios 95
5.5.2.2 Requisitos 95
5.5.2.3 Representação simplificada 96
5.5.3 Vibrações livres 96
5.5.3.1 Frequências e modos de vibração livre 96
5.5.3.2 Avaliação de vibrações com base em frequências
e modos de vibração livre 96
5.5.4 Análise de vibrações devidas a desbalanceamento 97
5.5.4.1 Generalidades 97
5.5.4.2 Vibrações forçadas 98

8   Introdução à dinâmica das estruturas para a engenharia civil

	5.5.4.3 Modos naturais de vibração	98
	5.5.4.4 Método da Carga Equivalente	99
5.5.5	Análise de vibrações transientes	99
	5.5.5.1 Generalidades	99
	5.5.5.2 Curto-circuito	100
5.5.6	Cargas na fundação e no solo	100

5.6 Outros critérios de projeto 101
     5.6.1   Combinações de carregamentos 101
     5.6.2   Fundações de concreto armado 101
     5.6.3   Estruturas de aço 102
     5.6.4   Solo 102

5.7 Detalhamento 102
     5.7.1   Fundações de concreto armado 102
           5.7.1.1 Fundação em mesa 102
           5.7.1.2 Fundações por molas 103
           5.7.1.3 Fundações em blocos 104
           5.7.1.4 Plataformas 104
     5.7.2   Fundações de aço 104
           5.7.2.1 Fundações em mesa 104
           5.7.2.2 Fundações por molas 105
           5.7.2.3 Fundações em plataforma 105
           5.7.2.4 Proteção contra corrosão 105

5.8 Critérios de avaliação de resposta dinâmica 105

5.9 Exemplo de dois graus de liberdade 110
     5.9.1   Dados da máquina 110
     5.9.2   Dados da estrutura 110
     5.9.3   Equação matricial do movimento 111
     5.9.4   Análise modal 111
     5.9.5   Determinação das propriedades modais 112
     5.9.6   Resposta modal 113
     5.9.7   Resposta de cada modo r $(r = 1,2)$ 113
     5.9.8   Resposta da estrutura 113

6   FUNDAÇÕES DE MÁQUINAS DE IMPACTO 115

     6.1   Generalidades 115

     6.2   Fundações de martelos 115

     6.3   Critérios de desempenho 117
         6.3.1   Amplitudes de deslocamento 117
         6.3.2   Recalques 118
         6.3.3   Tensões 118

     6.4   Pré-dimensionamento 118

Introdução à dinâmica das estruturas para a engenharia civil 9

6.5 Análise dinâmica 119
    6.5.1 Representação das ações 119
    6.5.2 Modelo matemático 122
    6.5.3 Resposta de um sistema com dois graus de liberdade 122

6.6 Exemplo de dois graus de liberdade 125
    6.6.1 Dados do sistema 125
    6.6.2 Equação matricial do movimento 125
    6.6.3 Análise modal 126
    6.6.4 Determinação das propriedades modais 127
    6.6.5 Resposta modal 127
    6.6.6 Resposta da estrutura 128

7 O EFEITO DINÂMICO DO VENTO SOBRE ESTRUTURAS 131

7.1 Introdução 131

7.2 Cargas estáticas equivalentes da norma brasileira 132
    7.2.1 Fatores que afetam a velocidade característica 134
    7.2.2 Coeficientes de pressão, de forma e de arrasto 137

7.3 Cálculo dinâmico segundo a NBR 6123:1988 138
    7.3.1 Generalidades 138
    7.3.2 Modelo discreto 138

7.4 Verificação do conforto para os usuários 142

7.5 Exemplo de análise de uma torre de telecomunicação em
concreto armado 146

7.6 Uma metodologia simplificada para a análise dinâmica 158

8 ANÁLISE DINÂMICA DE ESTRUTURAS SOB EXCITAÇÃO
ALEATÓRIA DE VENTO: MÉTODO DO VENTO SINTÉTICO 163

8.1 Introdução 163

8.2 Caracterização do vento no método 165

8.3 O espectro do vento 166

8.4 Decomposição das pressões flutuantes 170

8.5 Correlação espacial de velocidades 172

8.6 Sistematização do método 174

8.7 Exemplo 177
    8.7.1 Modelo estrutural adotado 177
    8.7.2 Resposta estrutural 179
    8.7.3 Comentários 180

9 EFEITOS DINÂMICOS DO MOVIMENTO DE PESSOAS SOBRE
ESTRUTURAS 183

9.1 Introdução 183

10   Introdução à dinâmica das estruturas para a engenharia civil

9.2   Sintonização da estrutura 185

9.3   Cálculo da resposta às vibrações forçadas 187

9.4   Exemplo completo 188

9.5   Comentários sobre as normas existentes 192

10   EFEITO DE SISMOS SOBRE ESTRUTURAS 195

10.1 Introdução 195

10.2 Resposta de estruturas simples a terremotos 197

10.3 Modelos com vários graus de liberdade 203

10.4 Comentários sobre as normas latino-americanas de sismos 207

        10.4.1 Parâmetros do local 208

               10.4.1.1 Zoneamento dos países e aceleração característica   208

               10.4.1.2 Classes de terrenos 216

        10.4.2 Categoria de utilização (importância da obra) 218

        10.4.3 Coeficientes de modificação da resposta 221

        10.4.4 Espectros de resposta elástica de projeto 224

        10.4.5 Análise sísmica pelo Método das Forças Horizontais
               Equivalentes 227

        10.4.6 Limitações de deslocamentos 230

        10.4.7 Torção acidental 231

ANEXO A – Noções sobre o método dos elementos finitos em dinâmica
de estruturas 233

    A.1   Discretização 233

    A.2   O Método dos Elementos Finitos (MEF) 235

    A.3   Um breve resumo de Mecânica dos Sólidos em forma matricial 235

    A.4   Aproximação das equações da Mecânica dos Sólidos pelo MEF 238

    A.5   Equações de Lagrange, em um elemento 240

    A.6   Exemplos 242

        A.6.1   Barra de treliça plana, no sistema local de referência 242

        A.6.2   Barra de viga inextensível fletida, no sistema local de
               referência 244

        A.6.3   Elemento triangular de chapa com três nós no sistema
               local de referência 247

        A.6.4   Outros elementos mais complexos 250

    A.7   Transformação do sistema local para o sistema global da
        estrutura 250

        A.7.1   Rotação 250

               A.7.1.1 Elemento de barra de treliça plana 250

               A.7.1.2 Elemento de pórtico plano 252

Introdução à dinâmica das estruturas para a engenharia civil 11

A.7.1.3 Elemento triangular de chapa de três nós 253
A.7.2 "Espalhamento" 253
A.8 Imposição das condições de contorno 254

ANEXO B – Principais métodos numéricos utilizados na dinâmica linear de estruturas 255

B.1 Introdução 255
B.2 Solução de Sistemas Lineares 255
B.3 Métodos de integração numérica no tempo de sistema de equações diferenciais ordinárias de primeira e segunda ordem 257
 B.3.1 Introdução 257
 B.3.2 Métodos Runge–Kutta de quarta e quinta ordem 257
 B.3.3 Método de Newmark 258

ANEXO C – Decomposição de carregamentos pela análise de Fourier 261

C.1 Introdução 261
C.2 Séries de Fourier 262
C.3 As Transformadas de Fourier 263
C.4 A Transformada Discreta de Fourier (DFT) 264
C.5 A Transformada Rápida de Fourier (FFT) 264
C.6 Exemplo da decomposição de uma onda quadrada em série de Fourier 265

BIBLIOGRAFIA 267

PREFÁCIO

Nós, engenheiros civis, temos sido geralmente formados dentro de uma concepção estática da configuração de nossas estruturas. Isso nos tem levado a ignorar uma das mais óbvias sensações do ser humano: a de que o tempo passa e nada permanece como está. A Dinâmica das Estruturas se ocupa do efeito da passagem do tempo e suas consequências sobre as estruturas, tal como a impossibilidade de negligenciar as velocidades dos deslocamentos e a consequente necessidade de levar em conta a energia cinética resultante, bem como a presença de forças de inércia.

No nosso caso particular, o que atrai mais interesse são as vibrações, pequenos movimentos repetitivos em torno de uma configuração de referência. Dificilmente, na prática, coloca-se o problema de estado limite último, ou seja, ruína de uma estrutura em decorrência de cargas dinâmicas (a não ser nos casos particulares de carregamentos de vento e de sismos). O mais comum é a consideração do estado limite de serviço em que a presença de vibrações de determinadas amplitudes e frequências pode tornar a estrutura inadequada à sua finalidade ou com durabilidade inferior à prevista no projeto. É o caso da sensação de desconforto dos ocupantes de uma edificação ou passarela, da imprecisão de produtos manufaturados por máquinas com excesso de vibrações de suas bases, fadiga, fissuração, e outras situações como essas.

Neste livro, pretendemos dar uma abordagem, a mais aplicável possível, para torná-lo útil aos colegas praticantes da Engenharia Civil. Aqueles que se interessarem por detalhes da teoria envolvida podem procurá-los naquela que consideramos a obra-prima sobre a Dinâmica de Estruturas na nossa área, o livro clássico do Prof. Ray W. Clough, que, entre outras realizações de sua vida profícua, foi um dos res-

14   Introdução à dinâmica das estruturas para a engenharia civil

ponsáveis pelo desenvolvimento do Método dos Elementos Finitos. Reconhecemos aqui, de público, nosso débito àquele mestre incomparável que serviu de referência a este trabalho. Nas considerações práticas do efeito de vibrações sobre estruturas civis, fizemos uso liberal das orientações dadas por Hugo Bachman, praticamente as mesmas dos códigos europeus sobre o assunto. É claro que as bases primeiras são as leis de Newton, por via vetorial, e as equações de Lagrange, por via energética, dois caminhos coerentes para se seguir no estudo da Mecânica Clássica em que este trabalho se insere.

Nosso tratamento é totalmente linear. O extraordinariamente rico campo de estudos da dinâmica não linear é deixado para outra oportunidade e é recomendado àqueles que pretenderem abraçar uma pós-graduação em Dinâmica de Estruturas.

Agradecemos, ainda, a colegas de quem emprestamos material para vários dos temas abordados. Sem esgotar a relação, lembramos dos Professores Fernando Venancio Filho, Mário Franco (com seu famoso "vento sintético"), Décio Leal de Zagottis, Carlos Eduardo Nigro Mazzilli, Edgard Sant'anna de Almeida Neto (nas fundações de máquinas) e Jasbir Arora (em aplicações de otimização estrutural na dinâmica). Foi Umberto Diz, da SAE, quem motivou a redação das primeiras versões deste texto, para servirem de apoio ao curso de Dinâmica de Estruturas ministrado naquela empresa.

E, é claro, lembramos nossas famílias de sangue e as formadas por nossos alunos de muitas épocas, que são uma das razões de termos tentado esta empreitada.

São Paulo, janeiro de 2013.

Os Autores

1. INTRODUÇÃO

1.1 OBJETIVOS

Os principais objetivos deste livro são:

- divulgar, entre os profissionais e estudantes de engenharia civil, os fundamentos teóricos da análise dinâmica de estruturas;

- fornecer ferramentas práticas para análise de problemas dinâmicos que podem ser encontrados no Brasil e na América Latina, como fundações de máquinas, ventos, sismos e movimento de pessoas sobre estruturas;

- mostrar vários exemplos práticos da dinâmica das estruturas no dia a dia das obras.

Tem ocorrido, recentemente, um considerável progresso em programas comerciais de Elementos Finitos, possibilitando ao profissional seu uso em problemas dinâmicos. Já é possível, e mesmo necessário, esse tipo de análise para problemas que podem surgir em nosso país e na América Latina. É o caso das fundações de equipamentos industriais, do efeito de vento sobre estruturas, de sismos e movimento de pessoas e veículos sobre estruturas. A dificuldade maior tem sido a falta de base da maioria dos profissionais na modelagem dos problemas dinâmicos e na interpretação de seus resultados. O presente livro abrangerá os fundamentos e conceitos teóricos básicos, além dos aspectos práticos e computacionais da modelagem de problemas dinâmicos estruturais.

Como exemplo do potencial perigo dos esforços dinâmicos, citam-se as forças de vento. Um caso muito conhecido de estrutura que ruiu submetida ao esforço dinâmico do vento é o da ponte de Takoma Narrows, no estado de Washington, Estados

Unidos. A Figura 1.1 mostra a imagem de uma torre de telecomunicações no Brasil que ruiu após uma ventania de velocidade superior a 70 km/h.

1.2 ASPECTOS CONCEITUAIS E HISTÓRICOS

A dinâmica, na definição de Newton, em seu *Principia*, estuda os movimentos dos corpos provocados por forças a eles aplicadas e as forças que provocam esses movimentos.

Estruturas civis são corpos sujeitos a esforços aos quais devem resistir para que sua forma se mantenha razoavelmente próxima das configurações desejadas, durante os movimentos induzidos. Ou seja, os movimentos de uma estrutura civil devem ser pequenos em torno de uma configuração projetada.

Se a aplicação dos esforços é feita de maneira lenta, com velocidades desprezíveis, é usual não levar em conta o aparecimento de forças de inércia. O estudo dessas estruturas é feito de forma quase estática, a maioria das vezes desconsiderando o efeito dos movimentos sobre o equilíbrio (análise geometricamente linear) e sobre o comportamento dos materiais. Caso contrário, podem resultar movimentos oscila-

Figura 1.1 – Torre de telecomunicações que ruiu sob o carregamento de vento.
Fonte: Zanilda Alves da Silva Lionakis/arquivo pessoal.

Introdução

tórios em torno da configuração projetada com efeitos que podem ser indesejados. Os movimentos oscilatórios podem levar a reações e a esforços internos solicitantes maiores que os determinados estaticamente; a permanência de seres humanos sobre a estrutura pode se tornar desconfortável; os movimentos podem afetar o funcionamento de equipamentos montados nessa estrutura; pessoas e equipamentos nas imediações da estrutura podem ser afetados pelo movimento etc.

Assim, as características básicas da análise dinâmica de uma estrutura são:

- cargas, reações, esforços internos, tensões, deslocamentos e deformações variam com o tempo, com velocidades não desprezíveis;

- além das cargas aplicadas, reações e esforços internos (que se equilibram em uma situação estática) participam também do equilíbrio das forças de inércia (relacionadas com a massa da estrutura) e forças que dissipam energia (amortecimento);

- as análises não levam, via de regra, a um resultado único (estático), mas a um histórico de resposta.

Situações em que se deve pensar na possibilidade ou necessidade de análise dinâmica de estruturas civis são, entre outras:

- fundações de máquinas e equipamentos;

- estruturas submetidas ao tráfego de veículos;

- estruturas submetidas ao movimento rítmico de pessoas;

- efeito de sismos (terremotos) sobre estruturas;

- efeito de vento sobre estruturas;

- efeito de impactos e explosões sobre estruturas;

- efeito de ondas do mar sobre estruturas.

A análise de estruturas, como de qualquer outro corpo físico, passa pela criação de uma série de modelos que permitam converter essa entidade da natureza, usualmente muito complexa, em algo que os recursos mentais humanos possam compreender. Assim, de início, transforma-se a estrutura real em um modelo físico (ou conceitual), por simplificações como barras, placas, apoios idealizados, materiais de comportamento simplificado, massas pontuais etc. A seguir, constrói-se um modelo matemático, um sistema de equações (diferenciais e/ou algébricas) relacionando as características da estrutura e introduzindo as leis da mecânica. Na fase final, procura-se resolver essas equações por vias analíticas ou numéricas. A Figura 1.2 ilustra, por meio de um diagrama de blocos, o processo de modelamento matemático de fenômenos naturais em geral.

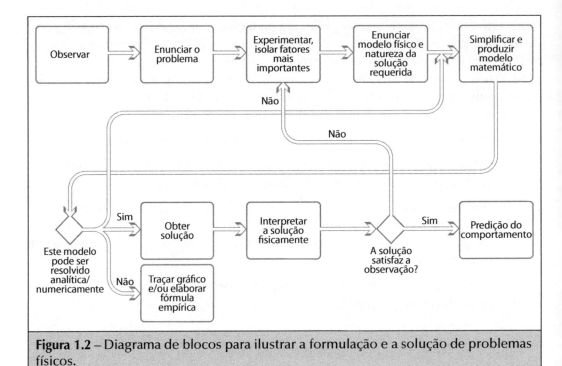

Figura 1.2 – Diagrama de blocos para ilustrar a formulação e a solução de problemas físicos.

Uma vez que um modelo matemático é construído, têm-se três principais formas de se resolvê-lo, como mostrado na Figura 1.3.

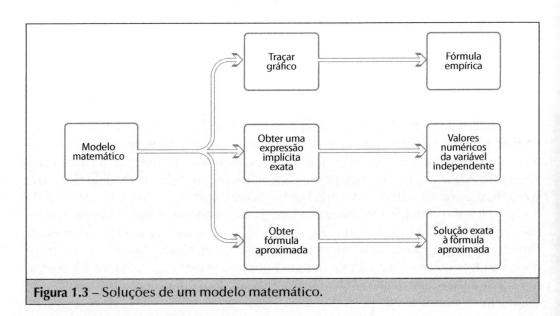

Figura 1.3 – Soluções de um modelo matemático.

Introdução

No caso da dinâmica das estruturas, o modelo matemático a que se chega é constituído por sistemas de equações diferenciais em que o tempo tem papel fundamental. Isso é bem diferente do caso estático, em que se recai em sistemas de equações algébricas. A Tabela 1.1 mostra a diferença entre os sistemas de equações das análises dinâmica e estática.

Tabela 1.1
Diferença dos sistemas de equações dos problemas dinâmico e estático

Dinâmica	Estática
Sistema de equações diferenciais ordinárias	Sistema de equações algébricas
$M\ddot{u} + C\dot{u} + Ku = f(t)$	$Ku = f$

Nas equações apresentadas na Tabela 1.1, M, C e K são, respectivamente, as matrizes de massa, amortecimento e de rigidez, enquanto os vetores $\ddot{u}$ $\dot{u}$ u, e f são, respectivamente, os vetores aceleração, velocidade, deslocamento e força externa. A variável independente é o tempo t. Os detalhes dessa formulação serão vistos nos próximos capítulos. Observa-se que a principal diferença entre os dois casos é que, no estático, a variável independente tempo não aparece e as acelerações e velocidades são desprezadas. Quando as equações são lineares, trata-se de dinâmica ou estática linear e, quando as equações são não lineares, trata-se de dinâmica e estática não linear.

Felizmente, para os engenheiros atuais, as fases de modelagem matemática e da solução numérica foram drasticamente revolucionadas pelo advento do computador eletrônico de programa armazenado, após a Segunda Guerra Mundial. Duas outras revoluções, talvez ainda mais importantes, ocorreram em função daquela. O desenvolvimento do Método dos Elementos Finitos (MEF), a partir dos anos 1960, e a massificação do acesso ao computador, proporcionada pelo lançamento dos microcomputadores pessoais, na década de 1980.

Neste texto, com poucas exceções, trata-se apenas da dinâmica linear, a qual faz parte de uma disciplina mais genérica, denominada Sistemas Dinâmicos. De um modo geral, os Sistemas Dinâmicos estão presentes em diversas áreas do conhecimento, tais como astronomia, dinâmica das populações, fenômenos biológicos, sistemas elétricos, sistemas mecânicos, químicos e civis. Na física matemática e na matemática, o conceito de sistema dinâmico nasce da exigência de construir um modelo geral de todos os sistemas que evoluem segundo uma regra que liga o estado presente aos estados passados. As contribuições de Isaac Newton à modelagem matemática, por meio da formalização da mecânica clássica, abriram espaço para uma sofisticação crescente do aparato matemático que modela fenômenos mecânicos. Mais tarde, te-

20 Introdução à dinâmica das estruturas para a engenharia civil

mos os trabalhos de Lagrange e Hamilton, que, por uma via paralela, mas coerente, da energia, definiram a teoria da mecânica clássica em um contexto matemático, que essencialmente é o mesmo estudado até hoje.

1.3 RESUMO

Este livro pretende dar o embasamento teórico mínimo para assistir o engenheiro no entendimento e na crítica dos modelos matemáticos e soluções numéricas para análise dinâmica de estruturas geradas por um programa de computador baseado no MEF. A estrutura do livro foi proposta para que, de forma didática, consiga-se passar ao leitor os conceitos básicos, bem como os principais campos de aplicação da dinâmica das estruturas na engenharia civil. No Capítulo 2 serão estudados sistemas dinâmicos lineares com um grau de liberdade (GL). Este capítulo talvez seja o mais importante, visto que por meio do mesmo o leitor ficará familiarizado com as equações que regem os problemas dinâmicos e suas soluções (para um GL). No Capítulo 3, serão desenvolvidas as equações para sistemas lineares com vários graus de liberdade. Para tanto, será utilizado o Processo dos Deslocamentos (o Método dos Elementos Finitos nele baseado é brevemente discutido em um anexo). O Método de Newmark para a solução numérica das equações obtidas é discutido em um anexo dedicado a métodos numéricos. Os efeitos dinâmicos mútuos entre equipamentos industriais e seu meio ambiente serão analisados no Capítulo 4. Nesse capítulo, também será realizada uma abordagem do conceito de isoladores e controladores de vibração. Os capítulos 5 e 6 abordam, respectivamente, a análise dinâmica de fundações de máquinas rotativas e de impacto. O cálculo do efeito dinâmico do vento em estruturas, de acordo com a norma NBR-6123:1988 da ABNT, será descrito no Capítulo 7, no qual também serão apresentados diversos estudos e exemplos resolvidos pelos autores. No Capítulo 8, será descrito o Método do Vento Sintético, devido a Mário Franco, o qual é baseado na utilização do espectro do vento para a simulação de carregamento dinâmico aleatório do vento, no domínio do tempo. Os efeitos dinâmicos de pessoas sobre estruturas serão descritos no Capítulo 9, no qual é mostrado um exemplo de uma passarela de pedestre. Finalmente, no Capítulo 10, é descrito o efeito de sismos sobre as estruturas, bem como modelos para o cálculo dos esforços solicitantes para esses casos. É feita menção às normas específicas de vários países da América Latina (inclusive o Brasil).

1.4 OBSERVAÇÃO SOBRE A NOTAÇÃO

Tentou-se manter uma única notação para as diversas grandezas físicas abordadas ao longo deste texto. Em alguns casos práticos, como ventos e sismos, entretanto, foram admitidas pequenas variações para coerência com as normas e costumes do mercado.

2. MODELOS DE UM GRAU DE LIBERDADE

2.1 INTRODUÇÃO

O objetivo deste capítulo é apresentar os principais tipos de equações que estão presentes na dinâmica das estruturas. Embora as equações apresentem apenas um grau de liberdade, elas proporcionam uma boa visão das principais soluções e características dos problemas envolvidos na dinâmica linear de estruturas.

2.2 MODELOS DE UM GRAU DE LIBERDADE

Considere-se a caixa-d'água elevada sobre quatro colunas da Figura 2.1a. Com a intenção de facilitar as análises e de focar a atenção sobre os fenômenos importantes, é constituído um modelo conceitual mínimo. Começa-se estudando o problema em um plano. A caixa propriamente dita será considerada uma massa pontual M fixada à extremidade de uma coluna única (com rigidez K equivalente às quatro colunas originais), de massa desprezível e inextensível. Caso se impeça a rotação da massa M, o único movimento possível dessa massa será no sentido horizontal, o qual será designado por u, conforme Figura 2.1b. Deve ser notado que um sistema contínuo, de infinitos graus de liberdade, foi reduzido a um modelo conceitual, de apenas um grau de liberdade. Isto é, uma única coordenada dá a configuração de todo o sistema.

Deve-se então desenvolver o modelo matemático pelo uso das leis da mecânica. Se for aplicada uma carga horizontal $P(t)$ à caixa, as colunas reagem com uma força restauradora elástica proporcional ao deslocamento $f_e = Ku$ (modelo linear). Nesse caso, $K = 4(12EI/L^3)$, sendo EI a rigidez à flexão de uma das colunas e L a sua altura. Em virtude do atrito interno, sempre presente nas estruturas reais, aparece também uma força de dissipação (amortecimento), que, nesse modelo linear, considera-se

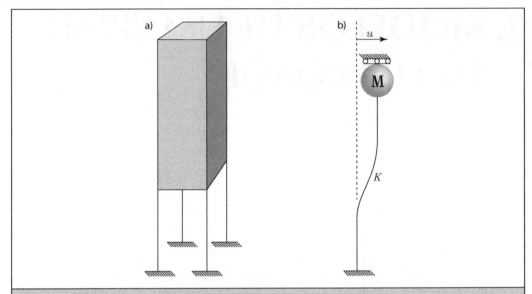

Figura 2.1 – Simulação de um exemplo de vários graus de liberdade utilizando-se um modelo simples.

proporcional à velocidade $f_d = C\dot{u}$ (o ponto sobre a variável representa derivada primeira no tempo). Pela segunda Lei de Newton, a soma das forças aplicadas a uma massa corresponde a uma força de inércia igual ao produto da massa pela aceleração $f_i = M\ddot{u}$ (os dois pontos representam derivada segunda no tempo) no sentido contrário. Assim,

$$f_i = P(t) - f_e - f_d,$$

que, rearrumada, recai na conhecida forma da Equação do Movimento de um sistema de um grau de liberdade, a equação diferencial ordinária (EDO), linear, de coeficientes constantes:

$$M\ddot{u} + C\dot{u} + Ku = P(t).$$

Um caso particular de interesse é o efeito de movimento do solo sob a estrutura, conforme Figura 2.2. É o caso dos sismos (terremotos), em que o deslocamento total da massa suspensa da caixa é a soma do deslocamento do solo subjacente, devido ao sismo, com o deslocamento relativo da massa em relação à base:

$$u_T(t) = u_s(t) + u(t).$$

A força de inércia, nesse caso, passa a ser

$$f_i = M\ddot{u}_T = M(\ddot{u}_s + \ddot{u}).$$

Modelos de um grau de liberdade

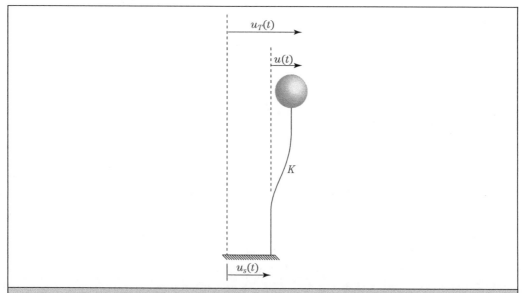

Figura 2.2 – Comportamento de um sistema de 1 grau de liberdade sujeito à ação de sismos.

Supondo que nenhuma outra força está sendo aplicada, a EDO fica

$$M\ddot{u} + C\dot{u} + Ku = P(t) = -M\ddot{u}_s,$$

ou seja, tudo se passa como se fosse aplicada à massa suspensa uma força de intensidade igual ao valor da massa multiplicado pelo histórico das acelerações do solo. Esse histórico, para alguns terremotos usados como padrão (como o célebre terremoto de "El Centro"), encontra-se disponível em diversas fontes bibliográficas e na internet.

2.2.1 Vibrações livres não amortecidas

Desprezando-se o amortecimento e adotando carregamento nulo, os únicos movimentos possíveis se devem às condições iniciais de deslocamento, u_0, e de velocidade, $\dot{u}_0$. A EDO passa a ser

$$M\ddot{u} + Ku = 0,$$

ou

$$\ddot{u} + \omega^2 u = 0,$$

onde

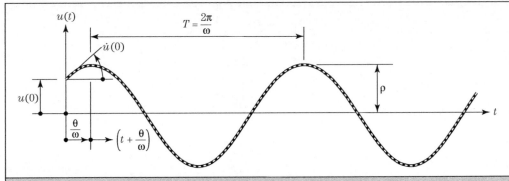

Figura 2.3 – Resposta para vibração livre não amortecida.

$$\omega = \sqrt{\frac{K}{M}}$$

é a frequência circular não amortecida do sistema (em rad/s, para qualquer sistema de medidas coerente). A frequência cíclica (em Hz, ou ciclos por segundo) é

$$f = \frac{\omega}{2\pi},$$

cujo inverso é o período de vibração livre (em segundos),

$$T = \frac{1}{f} = \frac{2\pi}{\omega}.$$

O que se está dizendo é que, ao se colocar em movimento a estrutura, a mesma vibrará harmonicamente com frequência f, isto é, repetirá o movimento esse número de vezes em cada segundo. O período T é o intervalo de tempo entre os picos desse movimento. Tanto a frequência como o período são propriedades da estrutura e são chamadas de "naturais".

Essa resposta harmônica, dependente das condições iniciais, pode ser escrita como

$$u(t) = \rho \cos(\omega t + \theta)$$

sendo:

$$\rho = \sqrt{u_0^2 + (\dot{u}_0/\omega)^2}$$

a amplitude de vibração;

Modelos de um grau de liberdade

$$\theta = \tan^{-1}\left[\frac{-\dot{u}_0}{\omega u_0}\right]$$

o ângulo de fase.

A Figura 2.3 mostra a função $u(t)$, bem como as principais variáveis do problema.

2.2.2 Vibrações livres amortecidas

Considerando-se a presença do amortecimento, como é necessário nas estruturas reais, passa-se a ter a EDO

$$M\ddot{u} + C\dot{u} + Ku = 0,$$

ou

$$\ddot{u} + 2\xi\omega\dot{u} + \omega^2 u = 0,$$

onde se tem a "taxa de amortecimento" dada por

$$\xi = \frac{C}{2M\omega}.$$

No caso da dinâmica das estruturas, os sistemas apresentam amortecimentos subcríticos, com o valor de ξ geralmente bem menor que 1.

A solução da EDO, nesse caso, é

$$u(t) = e^{-\xi\omega t}\,\rho\,\cos(\theta_D t + \theta),$$

com frequência amortecida de vibração

$$\omega_D = \omega\sqrt{1 - \xi^2},$$

amplitude

$$\rho = \sqrt{u_0^2 + \left(\frac{\dot{u}_0 + \xi\omega u_0}{\omega_D}\right)^2},$$

e ângulo de fase

$$\theta = -\tan^{-1}\left[\left(\frac{\dot{u}_0 + \xi\omega u_0}{\omega_D u_0}\right)\right].$$

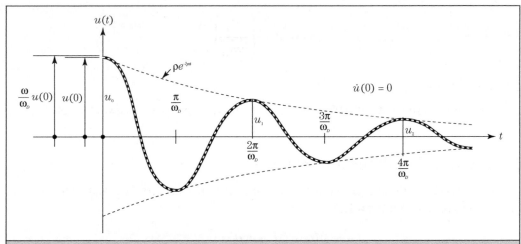

Figura 2.4 – Resposta para vibração livre de um sistema com amortecimento subcrítico.

Nota-se que o movimento harmônico resultante (Figura 2.4) diminui rapidamente de amplitude devido à exponencial negativa que multiplica ρ e que sua frequência é ligeiramente diminuída pelo amortecimento, ou seja, o correspondente período é ligeiramente aumentado.

2.2.3 Carregamento harmônico

Trata-se, agora, do caso de um sistema amortecido sob carregamento harmônico de amplitude p_0 e frequência forçada Ω, levando à EDO

$$M\ddot{u} + C\dot{u} + Ku = p_0 \operatorname{sen}\Omega t,$$

ou

$$\ddot{u} + 2\xi\omega\dot{u} + \omega^2 u = \frac{p_0}{M} \operatorname{sen} t.$$

O histórico de resposta tem duas etapas ao longo do tempo. A primeira é chamada de regime transiente, em que uma vibração livre amortecida, cujas características dependem das condições iniciais, sobrepõe-se à resposta forçada e é, em geral, de pouco interesse. A segunda é denominada de regime permanente, ou estacionário. Nela, a vibração livre inicialmente sobreposta desaparece, em virtude do amortecimento, levando a uma resposta harmônica, com a mesma frequência do carregamento, porém fora de fase, em virtude do amortecimento, na forma

$$u(t) = \rho \operatorname{sen}(\Omega t - \theta),$$

com amplitude

$$\rho = \frac{p_0}{K} \frac{1}{\sqrt{(1-\beta^2)^2 + (2\xi\beta)^2}},$$

onde $\beta = \Omega/\omega$, e ângulo de fase

$$\theta = \tan^{-1}\left(\frac{2\xi\beta}{1-\beta^2}\right).$$

Pode-se observar que, como já dito, é um movimento harmônico com frequência igual à da excitação e amplitude igual à resposta estática p_0/K multiplicada por um "coeficiente de amplificação dinâmica" na forma

$$D = \frac{1}{\sqrt{(1-\beta^2)^2 + (2\xi\beta)^2}}.$$

A Figura 2.5 mostra o gráfico de D em função de β, para diversos valores de ξ.

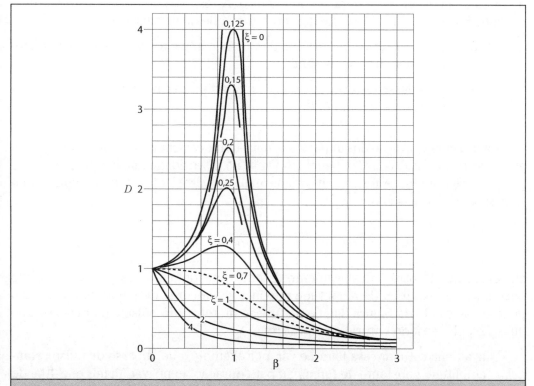

Figura 2.5 – Variação do coeficiente de amplificação dinâmica com o amortecimento e frequências. *Fonte: Clough, R.; Penzien, J., Dynamics of structures, 2nd Ed. New York: McGraw, 1993.*

28 Introdução à dinâmica das estruturas para a engenharia civil

É muito importante entender como essa amplificação depende do amortecimento e da relação entre a frequência da excitação e a natural do sistema. Em particular, quando essas frequências se aproximam, ocorre a chamada ressonância, com amplitudes crescendo até atingir uma amplificação de

$$D(\beta = 1) = \frac{1}{2\xi}.$$

Observa-se, nessa expressão, que, quando o amortecimento tende a zero, a amplitude tende a infinito. Além disso, quando $\beta << 1$ (razoavelmente abaixo da ressonância), D tende a 1, isto é, a resposta dinâmica é praticamente igual à estática. Já quando $\beta >> 1$ (razoavelmente acima da ressonância), D tende rapidamente para zero! Conclui-se que excitações harmônicas de alta frequência quase não afetam o sistema.

2.2.4 Carregamento de impacto

O impulso provocado por um impacto é dado por $I_1 = Ft_1$, sendo F a intensidade de força de impacto e t_1 a duração do impulso. A resposta de uma estrutura a uma carga de impacto (explosões, choques etc.) depende de dois fatores:

a. a forma do histórico de variação da força de impacto ao longo do tempo (retangular, triangular, meio seno etc.);

b. a duração desse histórico quando comparado com o período natural de vibrações livres da estrutura t_1/T.

Dada a curta duração dos impactos usuais, os mecanismos de dissipação de energia (amortecimento) não têm papel relevante na intensidade máxima da resposta e podem ser ignorados. A forma mais útil de analisar o problema é o uso de uma "razão de resposta" definida como

$$R_{\text{máx}} = \frac{u_{\text{máx}}}{p_0/K}$$

ou seja, a razão entre o deslocamento dinâmico máximo e o deslocamento obtido pela aplicação estática da amplitude máxima p_0 da carga de impacto. Essa razão pode ser extraída da Figura 2.6, como função da forma do pulso e da razão de sua duração pelo período natural da estrutura.

Vale a pena estudar essa figura e ver, por exemplo, que, no caso de pulso retangular (amplitude constante de força p_0), para duração do pulso t_1 maior que 40% do período natural T, a resposta máxima é duas vezes maior que a resposta estática. Talvez tenha se originado desse fato uma antiga regra prática de usar um "coeficiente de impacto" 2 para cargas dinâmicas.

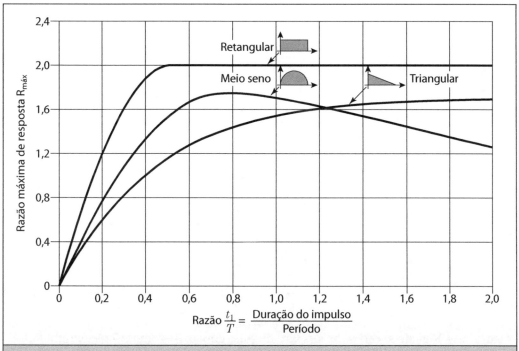

Figura 2.6 – Razões máximas de resposta para três tipos de impulso. *Adaptado de: Clough, R.; Penzien, J. Dynamics of structures, 2nd Ed. New York: McGraw, 1993.*

2.3 EXEMPLOS

Exemplo 2.1

Considere a viga engastada e em balanço, mostrada na Figura 2.7. A viga possui comprimento $L = 10$ m, e seção transversal retangular de medidas $b \times h$ (20 cm × 50 cm). O material que compõe a viga é concreto armado com módulo de elasticidade longitudinal $E = 20$ GPa e densidade de 2.500 kg/m^3. No ponto A, para uma força estática F aplicada, a figura mostra o deslocamento u resultante.

Para a transformação do modelo contínuo em um modelo discreto de 1 grau de liberdade, vai se considerar que um quarto da massa total da viga seja concentrado no ponto A, sendo então esta massa $M = 625$ kg. Este valor é uma regra prática simples e tem sua origem em aplicações do Método dos Elementos Finitos, o qual se encontra brevemente descrito num Anexo do presente livro. Como uma simplificação adicional, considera-se plano o modelo, permitindo-se apenas o deslocamento vertical.

São dados o deslocamento inicial de 100 μm e a velocidade inicial de 2 mm/s.

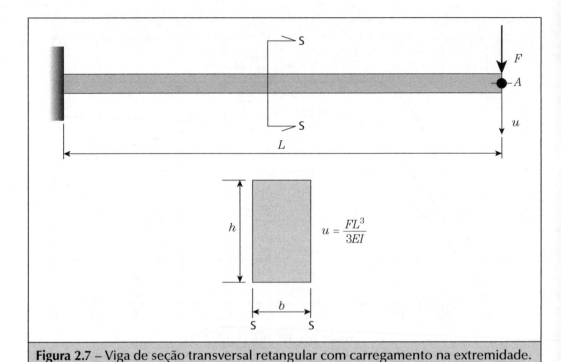

Figura 2.7 – Viga de seção transversal retangular com carregamento na extremidade.

Analisando-se a Figura 2.7, conclui-se que a rigidez, ou constante elástica, da estrutura para a carga aplicada e deslocamento no ponto A é:

$$K = \frac{3EI}{L^3}.$$

sendo que, para uma seção retangular, tem-se o momento de inércia

$$I = \frac{bh^3}{12}.$$

Substituindo-se E, I e L na expressão de K, tem-se:

$$K = 125.000 \text{ N/m}.$$

Calcula-se então a frequência circular da estrutura como

$$\omega = \sqrt{\frac{K}{M}} = 14,14 \text{ rad/s}$$

e também a frequência cíclica e o período, respectivamente,

$$f = \frac{\omega}{2\pi} = 2,3 \text{ Hz} \quad \text{e} \quad T = 1/f = 0,44 \text{ s}$$

Uma observação que cabe neste ponto é que, segundo Clough e Penzien (1993), a frequência cíclica exata de uma viga prismática engastada e em balanço é dada por

$$\omega = 1,875^2 \sqrt{\frac{EI}{\overline{m}L^4}} = 14,35 \text{ rad/s},$$

onde $\overline{m}$ é a massa da viga por unidade de comprimento. Observa-se então que o valor da frequência cíclica calculada com a aproximação de 1/4 da massa concentrada na ponta apresenta um erro de –1,5% em relação da fórmula dada por Clough e Penzien (1993), o que é uma ótima aproximação no caso de estruturas civis.

Utilizando w = 14,14 rad/s (considerando-se 1/4 da massa da viga concentrada na sua extremidade), obtém-se o deslocamento livre não amortecido em função do tempo utilizando-se as expressões:

$$\rho = \sqrt{u_0^2 + (\dot{u}_0/\omega)^2} = 0,00017 \text{ m}$$

a amplitude de vibração;

$$\theta = \tan^{-1}\left[\frac{-\dot{u}_0}{\omega u_0}\right] = -0,955 \text{ rad}$$

o ângulo de fase; sendo então o deslocamento

$$u(t) = \rho \cos(\omega t + \theta) = 0,00017 \cos(14,14t - 0,955).$$

O gráfico do deslocamento em função do tempo para a viga como um sistema livre e não amortecido é mostrado na Figura 2.8.

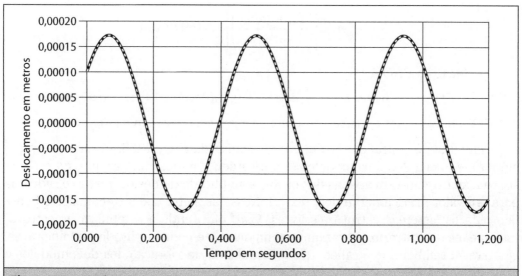

Figura 2.8 – Deslocamento dinâmico da extremidade da viga considerando o sistema livre e não amortecido.

32   Introdução à dinâmica das estruturas para a engenharia civil

A frequência de vibração natural da estrutura é uma informação importante, visto que, por meio dela, como será mostrado mais adiante, verifica-se, por exemplo:

- a necessidade ou não de se realizar uma análise dinâmica, no caso de estruturas submetidas a carregamento do vento;

- a distância relativa entre essa frequência e as frequências excitadoras, no caso do projeto de fundação de máquinas.

Exemplo 2.2

Utilizando-se a viga do Exemplo 2.1, considerando uma taxa de amortecimento igual a 5%, calcular a frequência amortecida e traçar o gráfico do sistema livre e amortecido.

O cálculo da frequência amortecida é dado por

$$\omega_D = \omega\sqrt{1 - \xi^2} = 14,12 \text{ rad/s}.$$

Observa-se que a frequência amortecida apresenta praticamente o mesmo valor da frequência não amortecida, pelo fato de ξ ter um valor pequeno (bem menor que 1). Isso é comum no caso das estruturas civis. Calcula-se também a amplitude

$$\rho = \sqrt{u_0^2 + \left(\frac{\dot{u}_0 + \xi\omega u_0}{\omega_D}\right)^2} = 0,00018 \text{ m}$$

e o ângulo de fase

$$\theta = -\tan^{-1}\left[\left(\frac{\dot{u}_0 + \xi\omega u_0}{\omega_D u_0}\right)\right] = -0,972 \text{ rad}.$$

A solução da EDO é

$$u(t) = e^{-\xi\omega t} \rho \cos(\omega_D t + \theta) = e^{-0,7071t} \, 0,00018 \cos(14,12t - 0,972).$$

Utilizando-se essa equação, desenha-se o gráfico mostrado na Figura 2.9.

Comparando o gráfico da Figura 2.9 com o da Figura 2.8, observa-se que a amplitude inicial dos dois modelos é praticamente a mesma, mas que, no caso do sistema amortecido em apenas dez ciclos, a amplitude do deslocamento é reduzida para um valor praticamente desprezível. Nesse aspecto, o amortecimento é benéfico para os sistemas estruturais livres, visto que tende a estabilizar as estruturas, que, caso contrário, vibrariam indefinidamente com amplitudes significativas. Observa-se também, no gráfico, que a frequência de vibração dos dois modelos é praticamente a mesma.

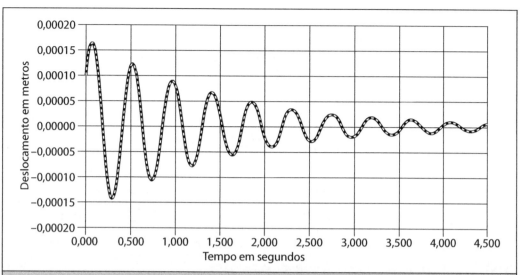

Figura 2.9 – Deslocamento dinâmico da extremidade da viga considerando o sistema livre e amortecido.

Exemplo 2.3

Considere agora que no ponto A da viga da Figura 2.7 é instalado um motor cuja massa é de 500 kg, a qual é somada à massa da viga no ponto. Então a massa total no ponto A passa a ser de $M = 625 + 500 = 1.125$ kg. A força dinâmica aplicada pelo motor no ponto A é $p = p_0$ sen Ωt, onde $p_0 = 500$ N e $\Omega = 105$ rad/s. Determinar as frequências de vibração livre e amortecida, bem como calcular as amplitudes de deslocamento, velocidade e aceleração no regime estacionário. Traçar os gráficos dos deslocamentos em função do tempo.

A rigidez da viga não sofreu alteração, mas suas frequências sim, em função do acréscimo de massa. Calcula-se então a frequência circular da estrutura como

$$\omega = \sqrt{\frac{K}{M}} = 10{,}54 \text{ rad/s}$$

e também a frequência cíclica e o período, respectivamente,

$$f = \frac{\omega}{2\pi} = 1{,}7 \text{ Hz} \quad \text{e} \quad T = 1/f = 0{,}6 \text{ s}.$$

Observa-se, comparando com os valores calculados no Exemplo 2.1, que ω e f sofreram redução em função do acréscimo de massa no ponto A. O cálculo da frequência amortecida é dado por

$$\omega_D = \omega\sqrt{1 - \xi^2} = 10{,}53 \text{ rad/s}.$$

34 Introdução à dinâmica das estruturas para a engenharia civil

Calcula-se, também, a amplitude

$$\rho = \sqrt{u_0^2 + \left(\frac{\dot{u}_0 + \xi\omega u_0}{\omega_D}\right)^2} = 0,00022 \text{ m}$$

e o ângulo de fase

$$\theta = -\tan^{-1}\left[\left(\frac{\dot{u}_0 + \xi\omega u_0}{\omega_D u_0}\right)\right] = -1,097 \text{ rad.}$$

A solução da parte homogênea da EDO (sistema livre e amortecido) é

$$u(t) = e^{-\xi\omega t} \rho \cos(\omega_D T + \theta) = e^{-0,5270t} \, 0,00022 \cos (10,53t - 1,097).$$

Para o cálculo da solução particular (sistema forçado) da EDO, determinam-se:

$$\beta = \Omega/\omega = 9,9,$$

$$\rho = \frac{p_0}{K} \frac{1}{\sqrt{(1 - \beta^2)^2 + (2\xi\beta)^2}} = 0,000041 \text{ m}$$

$$\theta = \tan^{-1}\left(\frac{2\xi\beta}{1 - \beta^2}\right) = -0,010 \text{ rad.}$$

Então, a solução particular (regime estacionário) é:

$$u(t) = \rho \, \text{sen}(\Omega t - \theta) = 0,000041 \, \text{sen}(105t + 0,010).$$

O gráfico dos deslocamentos é mostrado na Figura 2.10. Nesse gráfico, u_h é a solução homogênea (regime transiente), u_p é a solução particular (regime estacionário) e u a solução total igual à soma do transiente com o estacionário. Observe que, após cinco ciclos, a resposta total é praticamente dada pela resposta estacionária, e, de acordo com a prática da engenharia, após 14 ciclos, o efeito transiente devido às condições iniciais é desprezível. Portanto, nesse tipo de problema, a fase transiente tem pouca importância do ponto de vista prático.

Seja a amplitude de deslocamento ρ denotada agora como U, então, tem-se que as amplitudes de velocidade e de aceleração são:

$$\dot{U} = \Omega U \quad \text{e} \quad \ddot{U} = \Omega\dot{U} = \Omega^2 U.$$

No exemplo em questão tem-se:

$$U = 41 \ \mu\text{m}; \qquad \dot{U} = 4,3 \text{ mm/s:} \qquad \ddot{U} = 0,4490 \text{ m/s}^2$$

ou então

$$U = 0,002 \text{ in}; \qquad \dot{U} = 0,2 \text{ in/s}; \qquad \ddot{U} = 0,05 \text{ g,}$$

Modelos de um grau de liberdade

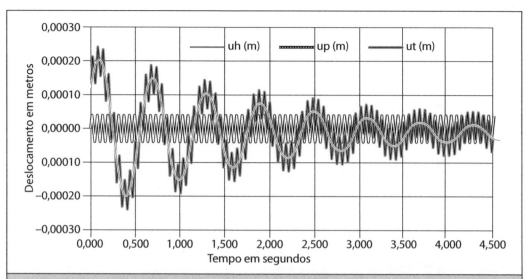

Figura 2.10 – Deslocamento dinâmico da extremidade da viga, considerando o sistema amortecido forçado.

onde *in* é polegada e *g* a aceleração da gravidade, considerada igual a 9,81 m/s². A utilização das unidades em polegadas e *g* é muito usual no projeto de fundações de máquinas, como será mostrado mais adiante em capítulo específico.

Geralmente, o que se faz no projeto de base de máquinas é entrar com os valores de Ω, U, $\dot{U}$ e $\ddot{U}$ em gráficos que relacionam estas grandezas com o desempenho da estrutura, levando-se em consideração possíveis danos que o funcionamento da máquina pode causar em estruturas, bem como o desconforto para seres humanos. Algumas combinações dessas grandezas podem causar doenças ocupacionais em seres humanos e até mesmo sérios danos estruturais, podendo inclusive levar a estrutura à ruína. A Figura 2.11 mostra um destes gráficos. Observa-se que ele é divido em regiões A (Ótima), B (Boa), C (Razoável), D (Ruptura Próxima) e E (Perigosa).

O projeto obtido neste exemplo é plotado no gráfico da Figura 2.11 com um círculo e encontra-se na região C. Portanto, do ponto de vista dinâmico, pode-se considerar o projeto razoável. Entretanto, um Engenheiro Civil experiente poderia notar que uma viga com um balanço de 10 m com as dimensões deste exemplo (seção transversal de 20 cm × 50 cm) é um projeto não muito bom, pois sua rigidez é bastante baixa e poderia apresentar problemas de vibração no plano horizontal e também grandes deslocamentos.

A força peso (estática) aplicada no ponto A é então:

$$F = Mg = 1.125 \times 9{,}81 = 11 \text{ kN}$$

Calcula-se o deslocamento estático (u_{est}) da viga no ponto A como:

$$u_{est} = F/K = 9 \text{ cm}.$$

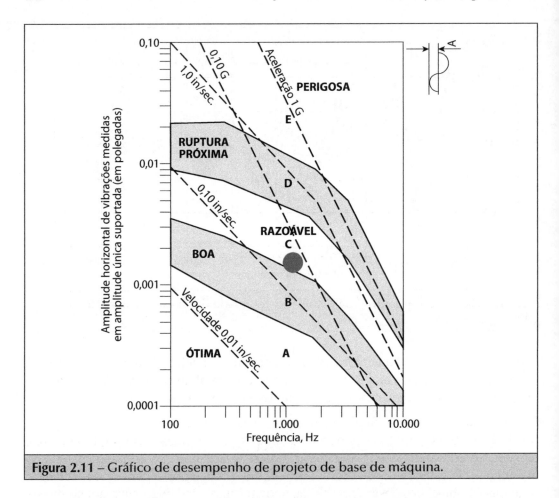

Figura 2.11 – Gráfico de desempenho de projeto de base de máquina.

Um valor limite para o deslocamento estático é da ordem de $L/150 = 7$ cm. Observa-se então que u_{est} apresentado pela viga é superior ao limite considerado, o que já era esperado pela baixa rigidez. A sugestão dos autores é que este projeto deve ser revisado para aumentar a rigidez da viga, alterando as dimensões da seção transversal.

Exemplo 2.4

Considere a coluna mostrada na Figura 2.2 e suponha que o valor da aceleração da excitação de base $\ddot{u}_s(t)$ aplicada no apoio da coluna seja dada por

$$\ddot{u}_s = \ddot{u}_{0s} \operatorname{sen}(2\pi f_s t),$$

onde $\ddot{u}_{0s}$ e f_s são, respectivamente, a amplitude e a frequência da aceleração de base senoidal. Portanto, a força excitadora é dada por

$$P(t) = -M\ddot{u}_{0s} \operatorname{sen}(2\pi f_s t),$$

Comparando esta com a expressão da força excitadora do carregamento harmônico, tem-se que

$$P_0 = -M\ddot{u}_{0s} \quad \text{e} \quad \Omega = 2\pi f_s.$$

Geralmente o que se faz no caso de estruturas submetidas a sismos é utilizar um espectro de aceleração, no qual a aceleração total da base é dada pela soma de várias componentes trigonométricas (tipo senoidais, por exemplo). Portanto, a solução do problema se passa como se o carregamento devido a um terremoto, ou excitação da base, fosse dado por uma soma de vários carregamentos harmônicos, cuja solução de cada carregamento já é conhecida e dada na Seção 2.2.3 do presente livro. A solução para todos os carregamentos é a soma da solução para cada carregamento.

Exemplo 2.5

Considere-se uma estaca sendo cravada com um martelo de gravidade, conforme mostrado na Figura 2.12.

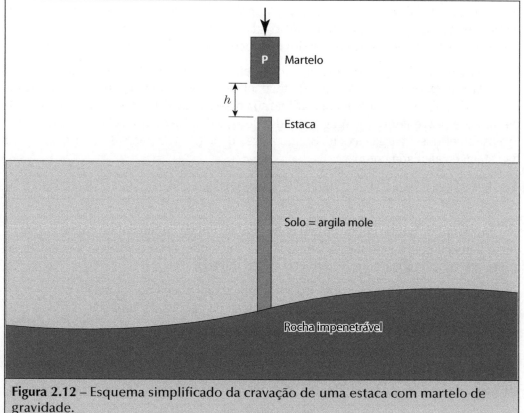

Figura 2.12 – Esquema simplificado da cravação de uma estaca com martelo de gravidade.

38 Introdução à dinâmica das estruturas para a engenharia civil

Na prática, para cravação de uma estaca, utilizam-se equipamentos denominados de bate-estacas. Estes são constituídos de chassis reforçados e torre rígida para uso de martelo do tipo "queda livre". Para que se possa distribuir uniformemente as tensões dinâmicas que surgem em decorrência do impacto do martelo sobre a cabeça das estacas, é instalado entre o martelo e o topo da estaca (cabeça) um capacete metálico dotado na sua parte superior de um cepo de madeira dura com fibras paralelas ao eixo da estaca, sobre o qual se deixa cair o martelo. Na parte interna do capacete é instalado o coxim, uma chapa circular, com diâmetro igual ao da estaca a ser cravada, geralmente de madeira compensada. Do ponto de vista de cálculo estrutural, existem diversas abordagens para o problema, variando-se os modelos matemáticos e também a consideração ou não de demais elementos que compõem o sistema.

O peso do martelo é $P = M\,g$, sendo $M = 2.000$ kg a massa do martelo, e a altura de queda é $h = 1$ m. O comprimento total da estaca é $L = 10$ m, incluindo a parte cravada e a aflorada. A estaca apresenta seção transversal em anel circular de diâmetro externo de 50 cm e espessura de 10 cm, e é confeccionada em concreto armado com módulo de elasticidade $E = 20$ GPa e densidade de 2.500 kg/m^3.

Uma maneira de se enxergar o problema do ponto de vista de dinâmica das estruturas é de acordo com o modelo descrito na Figura 2.13. Nesse modelo, supõe-se que o atrito lateral da estaca com a argila mole é desprezível e que a rocha proporciona à estaca um apoio infinitamente rígido. Além disso, também se desprezam as rigidezes e o amortecimento do coxim e do cepo, bem como a massa do capacete.

Na Figura 2.13 m, k e u são respectivamente a massa, a rigidez e o deslocamento axial da cabeça da estaca. A velocidade axial da cabeça da estaca é $\dot{u} = v$ e a massa $m = 1.050$ kg é considerada igual a 1/3 de sua massa total. Esta regra de se adotar 1/3 da massa é proveniente de aplicações do Método dos Elementos Finitos para membros submetidos a cargas axiais. Sendo a área da seção transversal A, a rigidez axial da estaca é calculada como:

$$k = \frac{EA}{L} = 251 \text{ MN/m.}$$

Do ponto de vista de energia, tem-se que a energia potencial do martelo é convertida inicialmente em energia cinética na estaca que, após o choque, comporta-se como um sistema massa mola com condições iniciais

$u(0) = 0$ (deslocamento axial inicial na cabeça da estaca) e
$v(0) = v_0$ (velocidade axial inicial na cabeça da estaca),

dadas pelo choque entre o martelo e a cabeça da estaca. Supõe-se uma eficiência η na conversão de energia potencial em energia cinética na estaca. Com isso, tem-se que a energia de cravação é igual à energia potencial (V), que se transforma em energia cinética (E_c) na estaca por meio da expressão:

$$\eta V = \eta Mgh = E_c.$$

Modelos de um grau de liberdade

A relação entre energia cinética e momento linear $p = m\,v$ (quantidade de movimento) é

$$E_c = \frac{p^2}{2m}.$$

O impulso I_1 é igual à variação da quantidade de movimento. Como a velocidade da estaca antes do impacto era nula e, após o impacto, é v, tem-se que o impulso é igual a p. Portanto, o impulso é

$$I_1 = \sqrt{2\eta m M g h}.$$

Por outro lado, a energia potencial ($V = M\,g\,h$) é convertida em energia de deformação na estaca ($U = \frac{1}{2}\,ku^2$), com uma eficiência η na conversão de energia potencial em energia cinética na estaca. A energia transferida no impacto é:

$$\eta V = \eta M g h = U.$$

Então, o deslocamento e a força atuante na estaca são dados, respectivamente, por:

$$u = \sqrt{\frac{2\eta M g h}{k}} \quad \text{e} \quad F = \sqrt{2\eta k M g h}.$$

O impulso é

$$I_1 = F t_1.$$

Substituindo-se a força F na equação anterior e igualando à expressão do impulso, tem-se que

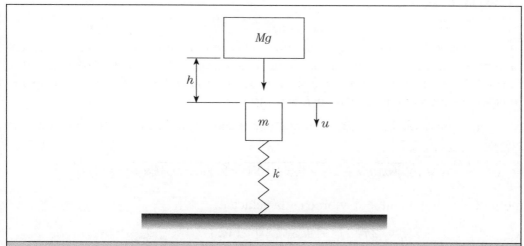

Figura 2.13 – Modelo matemático simplificado do problema de cravação da estaca.

$$t_1 = \sqrt{\frac{m}{k}} = 1/\omega = \frac{T}{2\pi},$$

onde, t_1, ω, T são, respectivamente, o intervalo de tempo em que o impulso é aplicado, a velocidade angular e o período de vibração natural do elemento estrutural estaca.

Para que se possa utilizar o gráfico da Figura 2.6, é necessário entrar com a grandeza

$$\frac{t_1}{T} = \frac{1}{2\pi} \cong 0,2.$$

Com isso, considerando-se um impulso retangular, tem-se que $R_{máx} = 1,2$. Portanto, o deslocamento (u_d) e a força (F_d) dinâmica são aproximadamente 1,2 vezes o valor estático dado acima para u e F.

Numericamente, considerando-se uma eficiência η de 60%, tem-se então o deslocamento e força estáticos, respectivamente, como

$$u = \sqrt{\frac{2\eta Mgh}{k}} = \sqrt{\frac{2 \times 0,6 \times 2.000 \times 9,81 \times 1}{251 \times 10^6}} \cong 1\,\text{cm} \quad \text{e}$$

$$F = \sqrt{2\eta kMgh} = \sqrt{2 \times 0,6 \times 251 \times 10^6 \times 2.000 \times 9,81 \times 1} \cong 2,4\,\text{MN},$$

e o deslocamento e forças dinâmicas, respectivamente,

$$u_{din} = R_{máx}\, u \cong 1,2 \times 1 = 1,2\,\text{cm} \quad \text{e}$$

$$F_{din} = R_{máx}\, F \cong 1,2 \times 2,4 = 2,9\,\text{MN}.$$

Considerando-se a área da estaca $A = 1.257\,\text{cm}^2$, a máxima tensão dinâmica é calculada como

$$\sigma_{din} = F_{din}/A \cong 23\,\text{MPa}.$$

Normalmente, essas estacas são fabricadas com um concreto de resistência característica de 35 MPa, o que proporciona uma tensão de trabalho da ordem 21 MPa. Portanto, baseando-se nesse modelo, a estaca estaria trabalhando na cravação sob tensões elevadas que poderiam levá-la à ruptura.

Conforme deduzido neste exemplo, o impulso é calculado pela troca de energia como

$$I_1 = \sqrt{2\eta mMgh} = \sqrt{2 \times 0,6 \times 1050 \times 2.000 \times 9,81 \times 1} = 5\,\text{kNs},$$

e o período fundamental de vibração da estaca é

$$T = \frac{2\pi}{\omega} = 2\pi\sqrt{\frac{m}{k}} = 2\pi\sqrt{\frac{1.050}{251 \times 10^6}} = 0,0129\,\text{s}.$$

Modelos de um grau de liberdade

41

Supõe-se agora que o tempo de aplicação da carga seja maior que o calculado anteriormente neste exemplo e que seja igual a

$$t_1 = 0{,}6T = 0{,}6 \times 0{,}0129 = 0{,}00774 \text{ s.}$$

Mantendo o impulso calculado anteriormente, tem-se que

$$F = \frac{I_1}{t_1} = \frac{5.000}{0{,}00774} \cong 0{,}65 \text{ MN.}$$

Introduzindo no gráfico da Figura 2.6 o valor de $t_1/T = 0{,}6$, para o pulso retangular, obtém-se $R_{\text{máx}} = 2$, portanto a força dinâmica passa a ser:

$$F_{\text{din}} = R_{\text{máx}} F \cong 2 \times 0{,}65 = 1{,}3 \text{ MN.}$$

Observa-se que valor da força dinâmica e, consequentemente, da tensão dinâmica diminuiu quando se aumentou o tempo de aplicação do impulso, mesmo considerando que o valor de $R_{\text{máx}}$ tenha aumentado.

Supõe-se novamente que o tempo de aplicação da carga seja

$$t_1 = 0{,}1T = 0{,}1 \times 0{,}0129 = 0{,}00129 \text{ s.}$$

Mantendo o impulso, tem-se que

$$F = \frac{I_1}{t_1} = \frac{5.000}{0{,}00129} \cong 3{,}88 \text{ MN.}$$

Introduzindo no gráfico da Figura 2.6 o valor de $t_1/T = 0{,}1$, para o pulso retangular, obtém-se $R_{\text{máx}} = 0{,}7$, portanto a força dinâmica passa a ser:

$$F_{\text{din}} = R_{\text{máx}} F \cong 0{,}7 \times 3{,}8 = 2{,}7 \text{ MN.}$$

Observa-se, neste exemplo, que o maior valor de força dinâmica foi obtido para $t_1/T = 1/2\pi$, ou seja, o primeiro exemplo numérico calculado.

Apesar da abordagem aqui apresentada ser baseada em troca de energia, ela precisa ser aprimorada para levar em consideração, dentre outros, os seguintes itens:

- as rigidezes e as massas dos diversos componentes do sistema de cravação;

- o atrito lateral e a rigidez do solo na ponta da estaca;

- o comportamento da onda de tensão ao longo do comprimento da estaca.

Exemplo 2.6. Associação de rigidezes em paralelo 1

Considere um bloco de fundação sobre duas estacas, conforme mostrado na Figura 2.14. O bloco está submetido a uma carga vertical de compressão P. Portanto, as estacas trabalham apenas a cargas axiais.

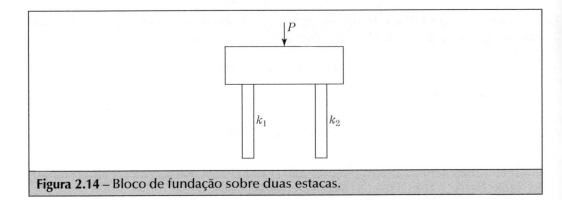

Figura 2.14 – Bloco de fundação sobre duas estacas.

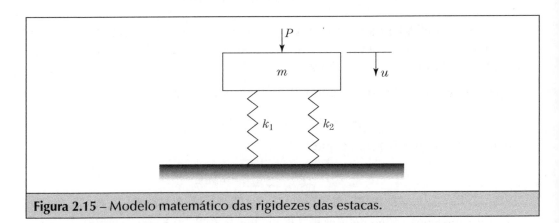

Figura 2.15 – Modelo matemático das rigidezes das estacas.

As estacas, embora possuam o mesmo diâmetro, foram cravadas com comprimentos levemente diferentes, o que atribui a elas rigidezes axiais diferentes k_1 e k_2. O modelo matemático da rigidez das estacas é mostrado na Figura 2.15.

Observa-se, neste modelo, que se podem estabelecer as seguintes equações:

1) equilíbrio de forças: $P_1 + P_2 = P$;

2) equação de compatibilidade de deslocamentos: $u_1 = u_2 = u$;

3) equação constitutiva: $P_1 = k_1 u_1$, $P_2 = k_2 u_2$ e $P = ku$.

onde P_1 e P_2 são as forças nas estacas da esquerda e direita, respectivamente, enquanto u_1 e u_2 são os deslocamentos provocados por essas forças. Substituindo-se as Equações 2 e 3 em 1 e isolando k (a rigidez equivalente), tem-se que a rigidez equivalente do sistema é

$$k = k_1 + k_2.$$

Portanto, no caso de rigidezes em paralelo, a rigidez equivalente é obtida somando-se a rigidez individual de cada elemento.

Para exemplo numérico, considere as duas estacas em concreto armado (E = 20 GPa) com seção transversal em anel circular com diâmetro externo de 42 cm e espessura de parede de 8 cm. Os comprimentos das estacas da esquerda e da direita são, respectivamente, 10 e 11 m. Então, as rigidezes são:

$$k_1 = \frac{EA}{L_1} = \frac{20 \times 10^9 \times \pi \times (0,42^2 - 0,26^2)/4}{10} = 171 \text{ MN/m},$$

$$k_2 = \frac{EA}{L_2} = \frac{20 \times 10^9 \times \pi \times (0,42^2 - 0,26^2)/4}{11} = 155 \text{ MN/m} \quad \text{e}$$

$$k = k_1 + k_2 = 326 \text{ MN/m}.$$

Exemplo 2.7. Associação de rigidezes em paralelo 2

Considere uma viga engastada de um lado e apoiada sobre um pilar no outro, conforme mostrado na Figura 2.16. O comprimento da viga é L enquanto a altura do pilar é H. Na extremidade da viga, é aplicada uma carga vertical P, que, por meio dos deslocamentos, é absorvida tanto pela viga quanto pelo pilar. O modelo matemático das rigidezes é o mesmo mostrado na Figura 2.15. Considere-se que P_1, k_1 e u_1 são, respectivamente, a carga, rigidez e deslocamento na extremidade da viga, enquanto que P_2, k_2 e u_2 são, respectivamente, a carga, rigidez e deslocamento na extremidade superior do pilar. Tanto a viga quanto o pilar são em aço carbono e apresentam módulo de elasticidade longitudinal E = 210 GPa. A viga possui um comprimento L de 4 m e é fabricada com um perfil W 310 x 107, o qual apresenta momento de inércia igual a I = 24839 cm^4. O pilar possui uma altura H = 3 m e é fabricado em perfil W 250 × 38,5 que apresenta uma área de seção transversal de A = 49,6 cm^2.

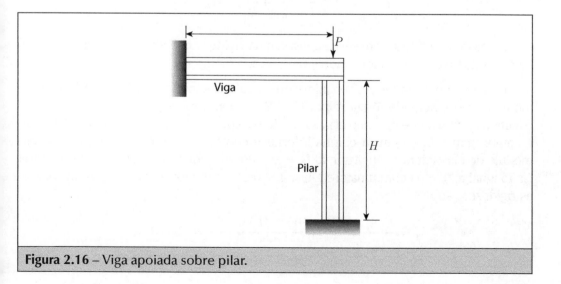

Figura 2.16 – Viga apoiada sobre pilar.

44 Introdução à dinâmica das estruturas para a engenharia civil

Então, as rigidezes são:

$$k_1 = \frac{3EI}{L^3} = \frac{3 \times 210 \times 10^9 \times 24.839 \times 10^{-8}}{4^3} = 2,445 \text{ MN/m},$$

$$k_2 = \frac{EA}{H} = \frac{210 \times 10^9 \times 49,6 \times 10^{-4}}{3} = 347,2 \text{ MN/m} \quad e$$

$$k = k_1 + k_2 = 349,645 \text{ MN/m}.$$

Exemplo 2.8. Associação de rigidezes em série

Considerem-se duas colunas, uma apoiada sobre a outra, conforme mostrado na Figura 2.17. A coluna superior possui um comprimento L_1, enquanto o comprimento da inferior é L_2. Na extremidade superior da estrutura é aplicada uma carga vertical P, que é absorvida pelas duas colunas. Tem-se que P_1, k_1 e u_1 são, respectivamente, a carga, a rigidez e o deslocamento diferencial da coluna superior e que P_2, k_2 e u_2 são, respectivamente, a carga, a rigidez e o deslocamento da coluna inferior. O modelo matemático das rigidezes é mostrado na Figura 2.17.

Observa-se, nesse modelo, que se podem estabelecer as seguintes equações:

1) equilíbrio de forças: $P_1 = P_2 = P$;

2) equação de compatibilidade de deslocamentos: $u_1 + u_2 = u$;

3) equação constitutiva: $P_1 = k_1 u_1$, $P_2 = k_2 u_2$ e $P = ku$.

Substituindo-se as Equações 1 e 3 em 2 e isolando k (a rigidez equivalente), tem-se que a rigidez equivalente do sistema é

$$\frac{1}{k} = \frac{1}{k_1} + \frac{1}{k_2}.$$

No caso de rigidezes em série, o inverso da rigidez equivalente é obtido por meio da soma do inverso da rigidez individual de cada elemento.

Para exemplo numérico, considere que a coluna superior é em aço carbono com módulo de elasticidade longitudinal E_1 = 210 GPa, com seção transversal circular (diâmetro externo de 42 cm e espessura de parede de 2,5 cm) de área A_1 = 310 cm^2 e comprimento L_1 = 5 m. A coluna inferior é construída em concreto armado com módulo de elasticidade longitudinal E_2 = 20 GPa, possui seção transversal quadrada (lado igual a 70 cm) com uma área A_2 = 4.900 cm^2 e comprimento L_2 = 10 m. Então, as rigidezes são:

$$k_1 = \frac{E_1 A_1}{L_1} = \frac{210 \times 10^9 \times 310 \times 10^{-4}}{5} = 1,3 \text{ GN/m},$$

Modelos de um grau de liberdade

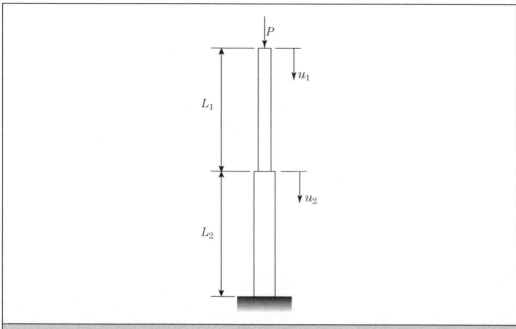

Figura 2.17 – Colunas em série.

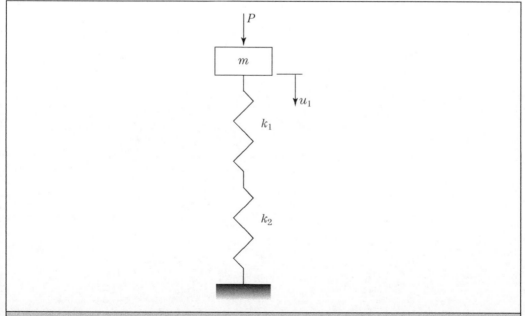

Figura 2.18 – Modelo matemático das rigidezes em série.

$$k_2 = \frac{E_2 A_2}{L_2} = \frac{20 \times 10^9 \times 4.900 \times 10^{-4}}{10} = 1,0 \text{ GN/m} \qquad e$$

$$\frac{1}{k} = \frac{1}{k_1} + \frac{1}{k_2} = \frac{1}{1,3} + \frac{1}{1,0} \qquad k = 0,6 \text{ GN/m}.$$

Observa-se que, para o caso de rigidezes em série, o valor da rigidez equivalente é sempre inferior ao menor valor das rigidezes individuais.

3. MODELOS COM VÁRIOS GRAUS DE LIBERDADE

3.1 INTRODUÇÃO AO MÉTODO DOS DESLOCAMENTOS NA DINÂMICA

O problema de se calcular uma estrutura, na estática, pode ser colocado na forma: dado certo carregamento, encontrar a posição deformada da estrutura em função desse carregamento e, a partir daí, determinar os esforços internos nas partes dessa estrutura.

Para uma estrutura de porte real (Figura 3.1), não é, em geral, possível realizar esse procedimento manualmente, sendo necessário o uso de programas computacionais. A maioria dos programas disponíveis para tanto baseia-se no Método dos Deslocamentos.

Nesse método, em linhas gerais, a estrutura é dividida em um número grande de elementos unidos em nós, cujos deslocamentos são as incógnitas do problema a serem determinadas. Para fixar ideias, admita-se uma treliça plana (Figura 3.2). Esse tipo de estrutura é muito comum na construção de galpões.

Figura 3.1 – Imagem de estrutura que comporta, principalmente, treliças planas. *Fonte: autores.*

Os deslocamentos de cada um dos seus nós livres nas direções horizontais e verticais são as incógnitas. Assim, com N nós livres, tem-se $n = 2N$ incógnitas (os deslocamentos nulos dos apoios, conhecidos, não são incógnitas). Uma forma conveniente de trabalhar com esse número grande de valores é colocá-los na forma de uma coluna com n linhas, chamada Vetor dos Deslocamentos:

$$\boldsymbol{u} = \begin{Bmatrix} u_1 \\ u_2 \\ \vdots \\ u_n \end{Bmatrix}$$

Da mesma forma, no caso mais geral, haveria a possibilidade de se ter, também, $n = 2N$ componentes de forças externas aplicadas em cada um dos N nós livres (na direção vertical e horizontal) que são os dados conhecidos do problema (as reações nos apoios são desconhecidas). Novamente é conveniente colocar esses valores na forma de uma coluna com n linhas, denominada Vetor de Carregamento:

$$\boldsymbol{p} = \begin{Bmatrix} p_1 \\ p_2 \\ \vdots \\ p_n \end{Bmatrix}$$

Modelos com vários graus de liberdade

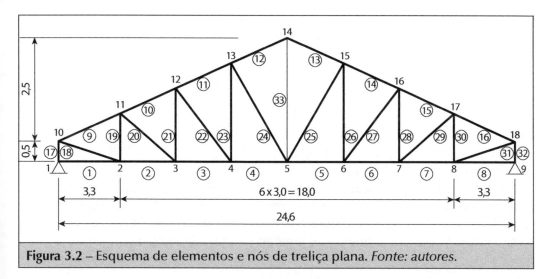

Figura 3.2 – Esquema de elementos e nós de treliça plana. *Fonte: autores.*

A relação entre os esforços elásticos restauradores internos e os deslocamentos é

$$f_e = Ku,$$

da qual se define a chamada Matriz de "Rigidez", com n linhas e n colunas:

$$K = \begin{bmatrix} K_{11} & K_{22} & \cdots & K_{1n} \\ K_{21} & K_{22} & \cdots & K_{2n} \\ \vdots & \vdots & \vdots & \vdots \\ K_{n1} & K_{n2} & \cdots & K_{nn} \end{bmatrix}$$

A relação que resolve o problema estático, chamada de Equação de equilíbrio, iguala o vetor de carregamentos ao vetor de forças elásticas restauradoras, na forma:

$$p = f_e = Ku \quad \text{ou} \quad Ku = p$$

A expressão "Rigidez" fica, assim, conceitualmente colocada: quanto maior a rigidez, maior a força necessária para conseguir provocar certo deslocamento. Cada um dos coeficientes dessa matriz tem o conceito físico que segue:

K_{ij} o esforço restaurador elástico na direção de u_i devido
à imposição de deslocamento unitário na direção de u_j,
mantidos nulos os demais deslocamentos.

Em um problema de um grau de liberdade (apenas uma incógnita e uma força) linear:

$$p = Ku,$$

50 Introdução à dinâmica das estruturas para a engenharia civil

a rigidez K é a inclinação da reta $p \times u$, ou, ainda, é o quanto de força a mais se deve aplicar para aumentar o deslocamento de um valor unitário, como mostrado na Figura 3.3.

Nesse caso, a solução da equação de equilíbrio é simplesmente:

$$u = \frac{p}{K}.$$

No caso geral de n graus de liberdade, a solução da Equação de Equilíbrio passa pela utilização de métodos numéricos de solução de sistemas de equações (como o método de Cholesky, apresentado em Anexo). De qualquer forma, o importante é perceber que conhecidos os deslocamentos dos nós inicial e final de cada elemento da treliça, sabe-se o quanto ele mudou de comprimento e, em consequência, qual a força normal N a que está sujeito, lembrando-se da lei de Hooke:

$$N = \frac{EA}{L_o} \Delta L,$$

onde E é o módulo de elasticidade do material, A é a área da seção transversal da barra, L_o é o comprimento original do elemento e ΔL a sua mudança de comprimento.

No problema dinâmico, em que as velocidades não são desprezíveis, tem-se também o vetor das forças de dissipação de energia (amortecimento),

$$\boldsymbol{f}_D = \boldsymbol{C}\dot{\boldsymbol{u}},$$

onde se identifica a matriz de amortecimento

$$\boldsymbol{C} = \begin{bmatrix} C_{11} & C_{22} & \cdots & C_{1n} \\ C_{21} & C_{22} & \cdots & C_{2n} \\ \vdots & \vdots & \vdots & \vdots \\ C_{n1} & C_{n2} & \cdots & C_{nn} \end{bmatrix},$$

cujos coeficientes têm o conceito físico:

C_{ij} a força de amortecimento na direção de $\dot{u}_i$, em virtude da imposição de velocidade unitária na direção de $\dot{u}_j$.

Pela segunda lei de Newton, surge, também, o vetor das forças de inércia, para equilibrar as forças aplicadas, na forma:

$$\boldsymbol{f}_i = \boldsymbol{M}\ddot{\boldsymbol{u}},$$

em que se identifica a matriz de massa:

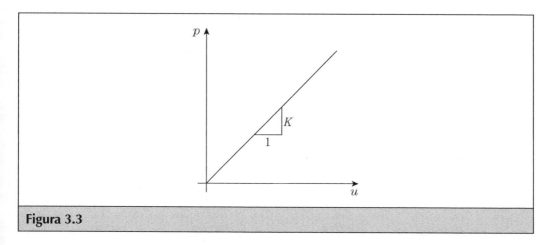

Figura 3.3

$$M = \begin{bmatrix} M_{11} & M_{22} & \cdots & M_{1n} \\ M_{21} & M_{22} & \cdots & M_{2n} \\ \vdots & \vdots & \vdots & \vdots \\ M_{n1} & M_{n2} & \cdots & M_{nn} \end{bmatrix},$$

cujos coeficientes têm o conceito físico:

M_{ij} a força de inércia na direção de $\ddot{u}_i$, em virtude da imposição de aceleração unitária na direção de $\ddot{u}_j$.

Reunindo-se esses vetores de forças todos em uma equação de equilíbrio dinâmico, tem-se o sistema de equações diferenciais que governa o problema dinâmico (linear, no caso)

$$M\ddot{u} + C\dot{u} + Ku = p.$$

3.2 EXEMPLO DE UM EDIFÍCIO DE TRÊS ANDARES

3.2.1 Descrição do problema

Admita-se o modelo da Figura 3.4 de um edifício de três andares, pés direitos de 3 m, sujeito a um movimento das fundações na direção horizontal $u_s = u_s(t)$. A figura é uma vista lateral mostrando dois dos 4 pilares que sustentam o prédio. Os pavimentos têm rigidez muito grande em relação às colunas, e essas são consideradas inextensíveis (modelo denominado *shear building*, em inglês). A massa da laje do

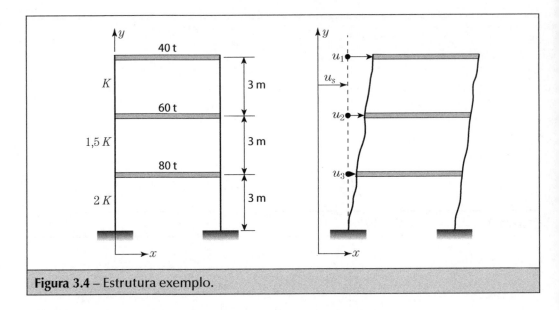

Figura 3.4 – Estrutura exemplo.

andar mais alto é de 40 t (tonelada massa), a do pavimento intermediário 60 t, e a do primeiro pavimento 80 t. São dados: módulo de elasticidade do material $E = 27$ GPa (valor coerente para um concreto com uma resistência característica da ordem de 35 MPa); seção de uma coluna no último lance 26,3 cm × 26,3 cm. A rigidez do lance intermediário é uma vez e meia a do último lance, e a do primeiro lance, duas vezes aquele valor. As coordenadas generalizadas usadas são os deslocamentos horizontais de cada piso em relação a um sistema de coordenadas solidário à base do edifício. Em decorrência do movimento sísmico, esse sistema móvel se desloca u_s com relação a um referencial inercial absoluto.

3.2.2 Montagem das equações do movimento

O sistema de equações do movimento de um sistema discretizado pode ser escrito, em termos de coordenadas generalizadas **u** e suas derivadas no tempo (indicadas por pontos superpostos), em forma matricial, como

$$\mathbf{M\ddot{u}} + \mathbf{C\dot{u}} + \mathbf{Ku} = \mathbf{p}.$$

Neste exemplo, como já foi dito, serão utilizados como coordenadas generalizadas os deslocamentos horizontais dos pavimentos com relação à configuração indeformada do próprio edifício. Assim, a posição e a velocidade de cada pavimento com relação a um referencial inercial absoluto são dadas por

$$x_1 = u_1 + u_s \qquad x_2 = u_2 + u_s \qquad x_3 = u_3 + u_s$$
$$\dot{x}_1 = \dot{u}_1 + \dot{u}_s \qquad \dot{x}_2 = \dot{u}_2 + \dot{u}_s \qquad \dot{x}_3 = \dot{u}_3 + \dot{u}_s$$

Modelos com vários graus de liberdade

A título de demonstração, as equações do movimento serão obtidas empregando-se as equações de Euler-Lagrange Generalizadas, que, para cada grau de liberdade r, $(r = 1$ a $n)$, se escrevem

$$\frac{d}{dt}\left[\frac{\partial L}{\partial \dot{u}_r}\right] - \frac{\partial L}{\partial u_r} = N^r,$$

onde L é a função lagrangiana dada pela diferença entre a energia cinética T e a energia potencial total V, esta última composta pelo trabalho das forças externas conservativas W_C e pela energia de deformação U. N^r são as forças não conservativas generalizadas, incluindo o amortecimento. Neste problema em particular, a energia potencial total é constituída apenas pela energia de deformação.

A Energia Cinética para conjuntos de corpos rígidos é a metade da soma das massas vezes suas velocidades ao quadrado:

$$T = \frac{1}{2}\left(40\dot{x}_1^2 + 60\dot{x}_2^2 + 80\dot{x}_3^2\right) =$$

$$= \frac{1}{2}\left[40\dot{u}_1^2 + 60\dot{u}_2^2 + 80\dot{u}_3^2 + 2\dot{u}_s\left(40\dot{u}_1 + 60\dot{u}_2 + 80\dot{u}_3\right) + 180\dot{u}_s{}^2\right].$$

A Energia de Deformação, devido aos deslocamentos relativos entre os andares, é dada pela metade da soma de seus quadrados multiplicados pelas rigidezes, na forma

$$U = \frac{1}{2}k\left[2u_3^2 + 1,5\left(u_2 - u_3\right)^2 + \left(u_1 - u_2\right)^2\right] =$$

$$= \frac{1}{2}k\left(u_1^2 + 2,5u_2^2 + 3,5u_3^2 - 2u_1u_2 - 3u_2u_3\right)$$

onde k é a rigidez das quatro colunas do último lance, obtida por

$$EI = 27.000.000 \text{ kN/m}^2 \text{ x } 0,263^4/12 \text{ m}^4 = 10.800 \text{ kNm}^2$$

$$k = 4[12EI/L^3] = 19.200 \text{ kN/m}$$

Aplicando as equações de Lagrange, obtêm-se as forças de inércia

$$f_1^I = \frac{d}{dt}\left[\frac{\partial T}{\partial \dot{u}_1}\right] = 40\left(\ddot{u}_1 + \ddot{u}_s\right)$$

$$f_2^I = \frac{d}{dt}\left[\frac{\partial T}{\partial \dot{u}_2}\right] = 60\left(\ddot{u}_2 + \ddot{u}_s\right)$$

$$f_3^I = \frac{d}{dt}\left[\frac{\partial T}{\partial \dot{u}_3}\right] = 80\left(\ddot{u}_3 + \ddot{u}_s\right)$$

e as forças restauradoras elásticas

$$f_1^R = \frac{\partial U}{\partial u_1} = k\left(u_1 - u_2\right)$$

$$f_2^R = \frac{\partial U}{\partial u_2} = k\left(-u_1 + 2,5u_2 - 1,5u_3\right)$$

$$f_3^R = \frac{\partial U}{\partial u_3} = k\left(3,5u_3 - 1,5u_2\right).$$

Chegando-se, assim, respectivamente, às matrizes de massa e rigidez:

$$\boldsymbol{M} = \begin{bmatrix} 40 & 0 & 0 \\ 0 & 60 & 0 \\ 0 & 0 & 80 \end{bmatrix} t$$

$$\boldsymbol{K} = 19.200 \begin{bmatrix} 1,0 & -1,0 & 0 \\ -1,0 & 2,5 & -1,5 \\ 0 & -1,5 & 3,5 \end{bmatrix} kN/m,$$

e ao vetor de carregamento que, neste caso, é constituído pelas forças de inércia correspondentes ao movimento da estrutura relativamente ao referencial inercial:

$$\boldsymbol{p} = -\ddot{u}_s \begin{pmatrix} 40 \\ 60 \\ 80 \end{pmatrix} kN.$$

Fisicamente, é como se fossem aplicadas forças em cada massa suspensa de intensidade igual a essa massa vezes a aceleração da base, no sentido contrário ao movimento.

A matriz de amortecimento não será escrita. Em vez disso, taxas de amortecimento modais serão especificadas, se necessário.

3.3 VIBRAÇÕES LIVRES NÃO AMORTECIDAS

Desprezando-se o amortecimento, considerando-se vetor de carregamentos nulo e imaginando que o sistema é posto em movimento apenas por condições iniciais de deslocamentos e/ou velocidades não nulas, recai-se na equação do movimento homogênea

$$\boldsymbol{M\ddot{u} + Ku = 0},$$

Modelos com vários graus de liberdade

cujas soluções são formas $\hat{u}$ chamadas **modos de vibração livre não amortecidos** em que todas as coordenadas do sistema variam harmonicamente no tempo,
todas na mesma frequência, chamadas frequências de vibração livre não amortecida, todas na mesma fase, ou seja

$$u = \hat{u} \cos(\omega t - \theta).$$

Derivando essa solução duas vezes no tempo, substituindo na equação do movimento e cancelando-se a função harmônica, recai-se no sistema de equações algébricas homogêneas

$$\left[K - \omega^2 M \right] \hat{u} = 0.$$

Para que sejam possíveis soluções não triviais, o determinante da matriz entre
colchetes deve ser nulo

$$\det\left[K - \omega^2 M \right] = 0,$$

resultando em uma equação polinomial de grau n na variável ω^2, conhecida como
equação de frequência. As n soluções ω_i, neste caso, são reais e positivas e são
as frequências naturais do sistema. Usualmente, denota-se por ω_1 a menor delas e, pela ordem, até a maior ω_n. A seguir, substitui-se cada um desses valores
de frequência, um de cada vez, no sistema de equações algébricas homogêneas.
Tratam-se, agora, de sistemas indeterminados. Para poder calcular os modos correspondentes a cada frequência é necessário arbitrar uma das componentes. Uma
possível forma de fazer isso é fazer a primeira coordenada de cada modo unitária.
Com esse valor admitido, as outras coordenadas poderão ser determinadas uni-
vocamente. Assim, podem-se determinar os n modos de vibração e colecioná-los
numa matriz modal $n \times n$, cujas colunas são os n modos de vibração livre, não
amortecidos, normalizados:

$$\Phi = \left[\begin{array}{cccc} \phi_1 & \phi_2 & \cdots & \phi_n \end{array} \right] = \left[\begin{array}{cccc} \phi_{11} & \phi_{12} & \cdots & \phi_{1n} \\ \phi_{21} & \phi_{22} & \cdots & \phi_{2n} \\ \vdots & \vdots & \vdots & \vdots \\ \phi_{n1} & \phi_{n2} & \cdots & \phi_{nn} \end{array} \right].$$

Deve-se ter em mente que as coordenadas modais não têm unidades, sendo apenas proporções em referência à coordenada arbitrada.

3.4 EXEMPLO DE ANÁLISE MODAL

No exemplo didático da Seção 3.2, as frequências e os modos de vibrações livres não amortecidas serão obtidos resolvendo-se a equação de frequências:

$$\det|\boldsymbol{K} - \omega^2 \boldsymbol{M}| = 0.$$

Fazendo-se $\lambda = \omega^2/19.200$, a equação será:

$$\det\left|19.200\begin{bmatrix} 1-40\lambda & -1,0 & 0 \\ -1,0 & 2,5-60\lambda & -1,5 \\ 0 & -1,5 & 3,5-80\lambda \end{bmatrix}\right| = 0$$

ou

$$192.000\lambda^3 - 21.200\lambda^2 + 590\lambda - 3 = 0$$

uma equação cúbica que pode ser resolvida, por exemplo, por tentativas, resultando nas frequências

$$\omega = \begin{pmatrix} 11,1916 \\ 25,7489 \\ 36,4930 \end{pmatrix} \text{rad/s}$$

Substituindo esses valores na equação

$$\left[\boldsymbol{K} - \omega^2\boldsymbol{M}\right]\hat{\boldsymbol{u}} = 0,$$

um de cada vez, e fazendo unitária a primeira componente dos vetores modais correspondentes, chega-se à matriz modal:

$$\boldsymbol{\Phi} = \begin{bmatrix} 1,000 & 1,000 & 1,000 \\ 0,7390 & -0,3809 & -1,7748 \\ 0,3718 & -0,7756 & 1,2996 \end{bmatrix},$$

cujas colunas são os modos normais, que podem ser visualizados na Figura 3.5. É muito importante ter o conceito de que as coordenadas dos modos normais não têm unidades, são apenas proporções e podem ser normalizados de várias formas diferentes.

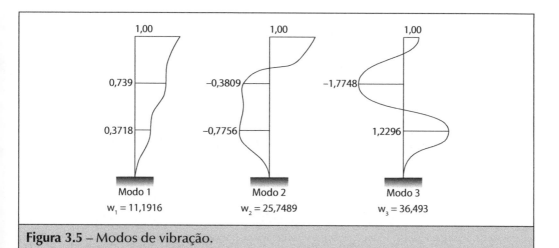

Figura 3.5 – Modos de vibração.

3.5 ORTOGONALIDADE E EQUAÇÕES DESACOPLADAS

Os modos de vibração livre não amortecidos possuem a propriedade de serem ortogonais com relação às matrizes de rigidez e de massa. Assim,

$$\phi_r^T K \phi_s = 0 \quad (r \neq s)$$

e

$$\phi_r^T K \phi_s = K_r \quad (r = s),$$

onde o escalar K_r é a rigidez modal do r-ésimo modo, e

$$\phi_r^T M \phi_s = 0 \quad (r \neq s)$$

e

$$\phi_r^T M \phi_s = M_r \quad (r = s),$$

onde o escalar M_r é a massa modal do r-ésimo modo. A frequência de vibração livre desse modo pode ser calculada por

$$\omega_r^2 = \frac{K_r}{M_r}.$$

Pela propriedade de ortogonalidade dos modos, com relação à matriz de massas, chega-se à matriz diagonal de massas modais. Como exemplo, para a estrutura de três andares das Seções 3.2 e 3.4, obtém-se:

$$M_d = \Phi^T M \Phi = \begin{bmatrix} 1{,}801 & 0 & 0 \\ 0 & 2{,}455 & 0 \\ 0 & 0 & 23{,}10 \end{bmatrix} \text{t.}$$

58 Introdução à dinâmica das estruturas para a engenharia civil

Pela propriedade de ortogonalidade dos modos com relação à matriz de rigidez, chega-se à matriz diagonal de rigidezes modais. No mesmo exemplo, determina-se

$$K_d = \Phi^{\mathrm{T}} K \Phi = \begin{bmatrix} 379 & 0 & 0 \\ 0 & 2372 & 0 \\ 0 & 0 & 49100 \end{bmatrix} \text{kN/m.}$$

O sistema original de equações do movimento pode ser desacoplado pela substituição de variáveis

$$u = \Phi y = \sum_{r=1}^{n} \phi_r y_r,$$

onde y é o vetor das respostas modais y_r a serem multiplicadas por cada um dos modos a fim de reconstituir a resposta nas coordenadas originais.

Consegue-se, assim, n equações de movimento de um grau de liberdade, uma para cada modo, na forma geral

$$\ddot{y}_r + 2\xi_r \omega_r \dot{y}_r + \omega_r^2 y_r = \frac{P_r}{M_r},$$

onde

$$P_r = \phi_r^T p$$

são as cargas modais.

No exemplo, elas podem ser decompostas em um vetor de amplitudes de cargas modais P_{0r}, proporcionais às massas, multiplicadas pela aceleração da base.

$$P = \Phi^t p = -\ddot{u} P_0 = -\ddot{u} \begin{pmatrix} 2{,}566 \\ -1{,}253 \\ 2{,}085 \end{pmatrix} kN.$$

Na equação de movimento modal comparece ξ_r, a taxa de amortecimento modal do r-ésimo modo, calculada como

$$\xi_r = \frac{C_r}{2 M_r \omega_r},$$

na hipótese de os modos de vibração serem também ortogonais à matriz de amortecimento. Essa condição não se verifica, em geral, a não ser que essa matriz de amortecimento seja uma combinação linear das matrizes de massa e rigidez, como no caso do assim chamado amortecimento de Rayleigh:

$$C = a_0 M + a_1 K.$$

Modelos com vários graus de liberdade

Esses fatores multiplicativos que satisfazem as condições de ortogonalidade buscada podem ser obtidos impondo taxas de amortecimento arbitrariamente adotadas para dois modos quaisquer escolhidos (o primeiro e o terceiro, por exemplo) e resolvendo o sistema:

$$
\begin{bmatrix} \xi_1 \\ \xi_2 \end{bmatrix} = \frac{1}{2} \begin{bmatrix} \dfrac{1}{\omega_1} & \omega_1 \\ \dfrac{1}{\omega_3} & \omega_3 \end{bmatrix} \begin{bmatrix} a_0 \\ a_1 \end{bmatrix}.
$$

Como exemplo numérico, suponha-se ter arbitrado taxas de amortecimento de 5% para o primeiro e terceiro modos da estrutura exemplo de três andares. A solução seria:

$$
\begin{bmatrix} 0,05 \\ 0,05 \end{bmatrix} = \frac{1}{2} \begin{bmatrix} \dfrac{1}{11,2} & 11,2 \\ \dfrac{1}{36,5} & 36,5 \end{bmatrix} \begin{bmatrix} a_0 \\ a_1 \end{bmatrix},
$$

levando aos fatores de Rayleigh

$$
\begin{bmatrix} a_0 \\ a_1 \end{bmatrix} = \begin{bmatrix} 0,8570 \\ 0,0021 \end{bmatrix}.
$$

3.6 MÉTODO DA SUPERPOSIÇÃO MODAL

Apresenta-se, agora, a sequência completa de trabalho para se fazer a análise dinâmica de uma estrutura linear discretizada em n graus de liberdade pelo Método da Superposição Modal:

Passo 1: equações do movimento

Determinam-se as equações do movimento nas coordenadas físicas $\boldsymbol{u}$:

$$
\boldsymbol{M\ddot{u} + C\dot{u} + Ku = p}.
$$

Passo 2: determinação das frequências e modos de vibração livre

Resolve-se

60 Introdução à dinâmica das estruturas para a engenharia civil

$$\left[K - \omega^2 M\right]\widehat{u} = 0,$$

e obtêm-se as frequências $\omega_r (r = 1$ até $n)$ e a matriz modal Φ.

Passo 3: determinação das massas modais e carregamentos modais

Para cada modo r, determina-se a massa modal e a carga modal.

$$M_r = \phi_r^T M \phi_r$$

$$P_r = \phi_r^T p$$

Passo 4: escrever as equações do movimento desacopladas

Para cada modo r, determina-se

$$\ddot{y}_r + 2\xi_r \omega_r \dot{y}_r + \omega_r^2 y_r = \frac{P_r}{M_r}.$$

Passo 5: determinação da resposta em cada modo

Neste passo, aplica-se o que se sabe de análise dinâmica de sistemas de um grau de liberdade. Cada equação modal corresponde a um vibrador de 1 grau de liberdade para o qual já se têm soluções analíticas fechadas ou pode-se integrar numericamente no tempo. Obtêm-se, com isso, n históricos de resposta independentes $y_r(t)$, para $r = 1$ até n. Se as condições iniciais do sistema não forem nulas, isto é, caso sejam dados deslocamentos iniciais u_0 e/ou velocidades iniciais $\dot{u}_0$, tem-se que transformar esses vetores nos deslocamentos e velocidades iniciais modais:

$$y_r(0) = \frac{\phi_r^T M u_0}{M_r}$$

$$\dot{y}_r(0) = \frac{\phi_r^T M \dot{u}_0}{M_r}$$

Passo 6: determinação da resposta nas coordenadas físicas do problema

Conhecidas as respostas nas coordenadas modais, encontra-se a resposta nas coordenadas físicas pela superposição:

$$\boldsymbol{u}(t) = \sum_{r=1}^{n} \phi_r y_r(t) = \boldsymbol{\Phi} \boldsymbol{y}(t)$$

e

$$\dot{\boldsymbol{u}}(t) = \sum_{r=1}^{n} \phi_r \dot{y}_r(t) = \boldsymbol{\Phi} \dot{\boldsymbol{y}}(t).$$

3.7 EXEMPLO UTILIZANDO O MÉTODO DOS ELEMENTOS FINITOS

Para a treliça plana da Figura 3.6, determinar as frequências e modos de vibração livre não amortecida. Na Figura 3.6 é mostrada a treliça, sendo p_1 e p_2 os graus de liberdade, enquanto a numeração das barras é indicada com os números circunscritos.

Dados: para todas as barras, seção quadrada 50 × 50 mm, módulo de elasticidade E = 3 GPa, massa específica ρ = 3.000 kg/m³ (um material hipotético).

Matrizes de rigidez e de massa (simétricas e singulares) de elemento de barra de treliça plana no sistema global de referência (ver anexo sobre MEF):

$$[k] = \frac{EA}{L} \begin{bmatrix} cc & cs & -cc & -cs \\ & ss & -sc & -ss \\ & & cc & cs \\ & & & ss \end{bmatrix} \qquad [m] = \frac{\rho A L}{6} \begin{bmatrix} 2 & 0 & 1 & 0 \\ & 2 & 0 & 1 \\ & & 2 & 0 \\ & & & 2 \end{bmatrix},$$

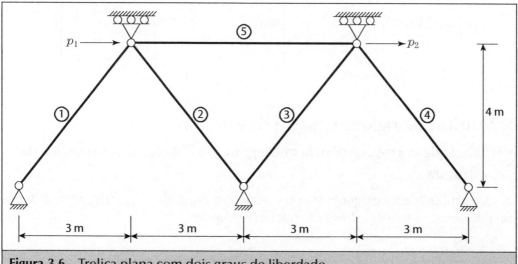

Figura 3.6 – Treliça plana com dois graus de liberdade.

62 Introdução à dinâmica das estruturas para a engenharia civil

onde c e s são, respectivamente, o cosseno e o seno do ângulo que a barra forma com o sistema global de referência utilizado; A, a área da seção transversal; e L, o comprimento da barra.

a) Matrizes de rigidez e de massa das barras

a.1) Barras 1 e 3: A = 0,0025 m², L = 5 m, c = 3/5, s = 4/5

$$[k] = 60.000 \begin{bmatrix} 9 & 12 & -9 & -12 \\ & 16 & -12 & -16 \\ & & 9 & 12 \\ & & & 16 \end{bmatrix} \text{N/m} \qquad [m] = 6,25 \begin{bmatrix} 2 & 0 & 1 & 0 \\ & 2 & 0 & 1 \\ & & 2 & 0 \\ & & & 2 \end{bmatrix} \text{kg}$$

a.2) Barras 2 e 4: A = 0,0025m², L = 5m, c = −3/5, s = 4/5

$$[k] = 60.000 \begin{bmatrix} 9 & -12 & -9 & 12 \\ & 16 & 12 & -16 \\ & & 9 & -12 \\ & & & 16 \end{bmatrix} \text{N/m} \qquad [m] = 6,25 \begin{bmatrix} 2 & 0 & 1 & 0 \\ & 2 & 0 & 1 \\ & & 2 & 0 \\ & & & 2 \end{bmatrix} \text{kg}$$

a.3) Barra 5: A = 0,0025m², L = 6m, c = 1, s = 0

$$[k] = 1.250.000 \begin{bmatrix} 1 & 0 & -1 & 0 \\ & 0 & 0 & 0 \\ & & 1 & 0 \\ & & & 0 \end{bmatrix} \text{N/m} \qquad [m] = 7,5 \begin{bmatrix} 2 & 0 & 1 & 0 \\ & 2 & 0 & 1 \\ & & 2 & 0 \\ & & & 2 \end{bmatrix} \text{kg}$$

b) Matrizes de rigidez e massa da estrutura

b.1) Tabela de correspondência entre graus de liberdade das barras e da estrutura

A estrutura deste exemplo tem somente dois graus de liberdade, os dois deslocamentos horizontais dos dois nós superiores. Assim:

Modelos com vários graus de liberdade

Barra	q_1	q_2	q_3	q_4
1	0	0	p_1	0
2	0	0	p_1	0
3	0	0	p_2	0
4	0	0	p_2	0
5	p_1	0	p_2	0

b.2) Matriz de rigidez da estrutura, 2 x 2, simétrica, não singular

$$[K] = \begin{bmatrix} 2.330.000 & -1.250.000 \\ & 2.330.000 \end{bmatrix} \text{N/m}$$

b.3) Matriz de massa da estrutura, 2 x 2, simétrica, não singular

$$[M] = \begin{bmatrix} 40 & 7,5 \\ & 40 \end{bmatrix} \text{kg}$$

c) Determinação das frequências de vibração

$$\det\left[[K] - \omega^2[M]\right] = 0,$$

sendo ω cada uma das duas frequências procuradas. Fazendo

$$\lambda = \omega^2/10.000,$$

tem-se:

$$\det\left[10.000\begin{bmatrix} 2330 - 40\lambda & -1.250 - 7,5\lambda \\ & 2.330 - 40\lambda \end{bmatrix}\right] = 0,$$

uma equação de segundo grau em lambda,

$$1.543,75\lambda^2 - 20.515\lambda + 38.664 = 0,$$

cujas raízes são

$$\lambda^2 = 2,2727 \Rightarrow \omega_1 = 150,788 \text{ rad/s} \qquad \lambda^2 = 11,0154 \Rightarrow \omega_2 = 331,89 \text{ rad/s}.$$

d) Determinação dos modos de vibração

Os dois modos de vibração são obtidos substituindo cada um dos dois valores de lambda na equação

$$\begin{bmatrix} 2.330 - 40\lambda_n & -1250 - 7{,}5\lambda_n \\ & 2330 - 40\lambda_n \end{bmatrix} \begin{Bmatrix} \phi_{1n} \\ \phi_{2n} \end{Bmatrix} = \begin{Bmatrix} 0 \\ 0 \end{Bmatrix} \quad n = 1,2,$$

como se fez o determinante da matriz de coeficientes dessa equação nulo, não é possível determinar os modos de maneira unívoca.

A solução é impor um valor qualquer para uma das componentes e obter a outra em função dessa. Impõe-se um valor unitário para a primeira componente de cada modo, obtendo:

1° modo $\{\phi_1\} = \begin{Bmatrix} \phi_{11} \\ \phi_{21} \end{Bmatrix} = \begin{Bmatrix} 1 \\ 1 \end{Bmatrix}$, o modo de *sway* (Figura 3.7);

2° modo $\{\phi_2\} = \begin{Bmatrix} \phi_{12} \\ \phi_{22} \end{Bmatrix} = \begin{Bmatrix} 1 \\ -1 \end{Bmatrix}$, o modo simétrico (Figura 3.8).

Nas Figuras 3.7 e 3.8, a treliça original e seus modos de vibração estão desenhados.

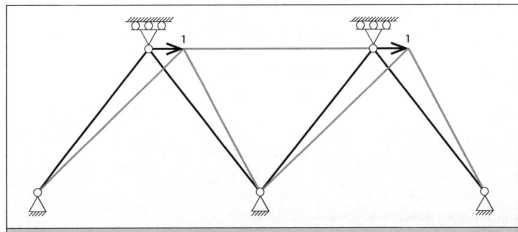

Figura 3.7 – Primeiro modo de vibração da treliça (*sway*).

Modelos com vários graus de liberdade

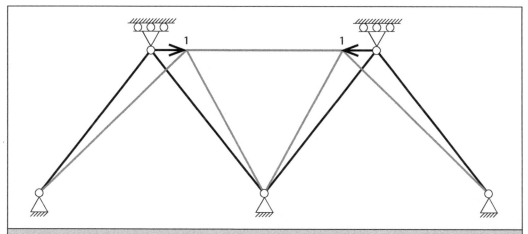

Figura 3.8 – Segundo modo de vibração da treliça (simétrico).

4. SUSPENSÕES DE EQUIPAMENTOS: TRANSMISSIBILIDADE

4.1 INTRODUÇÃO AO ESTUDO DE SUSPENSÕES DE EQUIPAMENTOS

Este capítulo trata, de maneira geral, de suspensões de equipamentos. Entretanto, uma abordagem mais detalhada de fundações de máquinas rotativas será dada no Capítulo 5, e de fundações de máquinas de impacto, no Capítulo 6. Parte do material abrangido é baseado nos livros de Ray W. Clough e de Hugo Bachman, bem como na dissertação de mestrado do Prof. Edgard Sant'Anna de Almeida Neto.

Considerem-se algumas situações práticas. Na primeira, temos uma máquina rotativa (motor elétrico ou a explosão) montada sobre uma fundação. Durante a operação, a fundação é sujeita a carregamento, consistindo de uma parte estática, igual ao peso da máquina, mais uma componente dinâmica em decorrência de qualquer desbalanceamento que a máquina possua. Em um segundo problema, temos uma forjadora montada sobre uma fundação. Quando o martelo é acionado, uma grande carga de impacto gera oscilações de grande amplitude. Em ambos os casos, é desejável limitar a intensidade de vibrações transmitidas ao meio ambiente e às pessoas no entorno da máquina. Em um terceiro caso, tem-se, ainda, um equipamento delicado que deve ser isolado das vibrações do meio ambiente.

Diferentes problemas dinâmicos estão presentes nos exemplos citados. Neles, a colocação de elementos elásticos entre as bases dos equipamentos e as fundações, ou a modificação das características dinâmicas dos elementos de fundação, pode diminuir a TRANSMISSIBILIDADE de vibrações, ou seja, promover o *isolamento*.

Em alguns casos mais complexos, pode ser necessário introduzir um *controle de vibrações*, o qual pode ser passivo, constituído de osciladores externos acoplados à suspensão, ou ativo, constituído de sensores e atuadores dependentes de energia externa.

Há muitas razões para que efeitos dinâmicos de máquinas sobre estruturas sejam problemas cada vez mais presentes na engenharia. Do ponto de vista das estruturas, o uso de materiais cada vez melhores e a disponibilidade de ferramentas de cálculo cada vez mais precisas têm levado a elementos mais esbeltos e, portanto, mais sujeitos a vibrações importantes. Do lado das máquinas, elas têm se tornado cada vez mais pesadas e operadas a velocidades mais altas, para otimização dos processos. As vibrações resultantes podem levar a uma queda na qualidade dos produtos, em função das imprecisões relacionadas com esses movimentos e da queda de rendimento dos operários sujeitos a essas condições de trabalho desfavoráveis.

4.2 GENERALIDADES SOBRE O PROJETO DE SUSPENSÕES DE EQUIPAMENTOS

4.2.1 Critérios estruturais

a) Frequências naturais

A primeira regra, óbvia, é: sempre que possível, deve-se evitar proximidade entre a frequência natural da estrutura de suporte e a frequência de operação da máquina.

b) Amortecimento

As faixas de razões de amortecimento usuais das estruturas industriais são apresentadas na Tabela 4.1.

Tabela 4.1 Taxas de amortecimento de construções industriais			
Tipo de construção	Mínima	Média	Máxima
Concreto armado	0,010	0,017	0,025
Concreto protendido	0,007	0,013	0,020
Compósitos	0,004	0,007	0,012
Aço	0,003	0,005	0,008

4.2.2 Efeitos e seus valores toleráveis

a) Efeitos sobre estruturas

- rachaduras, queda de fragmentos, soltura de parafusos etc

Suspensões de equipamentos: transmissibilidade

- fadiga
- perda de capacidade de carga

b) Efeitos sobre pessoas

- efeitos mecânicos (vibrações de piso e tetos)
- efeitos acústicos (ruído conduzido pelas estruturas ou pelo ar)
- efeitos ópticos

c) Efeitos sobre máquinas, produtos ou instalações

- problemas com os materiais das máquinas (resistência, deformações, fadiga)
- problemas com os produtos manufaturados
- problemas com as instalações

Os critérios são, assim, de três ordens diferentes:

- critérios estruturais;
- critérios psicológicos;
- critérios de qualidade da produção;

e, geralmente, são dados por limites de um ou mais dos seguintes parâmetros:

- amplitude de deslocamentos;
- amplitude de velocidades;
- amplitude de acelerações.

Tais limites são objeto de normas, como as ISO, DIN, BS, VDI, ABNT, Eurocode etc.

4.2.3 Regras de projeto

Além do suporte das cargas estáticas e dinâmicas e sua transmissão para o solo, as suspensões de equipamentos devem ser rígidas o suficiente para evitar deformações inaceitáveis das próprias máquinas por deslocamentos diferenciais dos apoios além dos limites dados pelos fabricantes.

Sempre que possível, é aconselhável usar juntas entre as fundações de máquinas e o restante da construção, tanto pela diferença de cargas como para minimizar a transmissão de vibrações.

Como, via de regra, os equipamentos custam muitíssimo mais que as obras civis, e têm custo de interrupção de produção também muito alto, é pratica normal o superdimensionamento de suas fundações.

70 Introdução à dinâmica das estruturas para a engenharia civil

a) Dados desejáveis para projeto de suportes de máquinas

- cargas e forças das partes fixas e móveis de máquinas, incluindo massas, momentos de inércia e centros de gravidade
- forças de curto-circuito
- cargas de equipamentos acessórios e sua localização
- frequências de operação em regime permanente
- forças devidas aos transientes de arranque e frenagem
- mudanças de temperatura
- mudanças de pressão interna e externa
- existência de efeitos externos como terremotos e/ou ventos
- esforços transientes no transporte e montagem
- dados geotécnicos do solo (camadas, suas classificações, resistência, rigidez e nível de água)

b) Orientações para máquinas rotatórias ou oscilantes

Sintonização de vibrações

Sintonização de frequências é a mais eficiente medida contra vibrações induzidas por máquinas.

Se a frequência fundamental da estrutura (a mais baixa) cai claramente abaixo da frequência de operação do sistema, tem-se a chamada *sintonia baixa*. Caso contrário, tem-se a sintonia alta. No primeiro caso, há redução das forças transmitidas ao solo, mas pode haver grandes deslocamentos, mesmo maiores que os estáticos. O segundo só deve ser usado quando a *sintonia baixa* for impraticável, já que na *sintonia alta*, em geral, tem-se de elevar muito a rigidez.

A Tabela 4.2 dá sugestões gerais.

Quando se usam elementos mola–amortecedor de isolação, devem-se seguir as orientações da Tabela 4.3.

4.3 CARGAS DINÂMICAS DOS VÁRIOS TIPOS DE MÁQUINAS

Dependendo de sua finalidade, estado de manutenção e detalhes de projeto, uma máquina causa cargas distintas sobre as estruturas em que repousam. São, em geral, agrupadas em três categorias: rotativas, de partes oscilantes e de impacto.

Essas cargas são, em geral, de natureza periódica, às vezes, mesmo, harmônicas.

Suspensões de equipamentos: transmissibilidade

71

Tabela 4.2 Tipos de fundação e suas aplicações				
Tipo de fundação	Usada para	Espaço sob a máquina	Sintonia	Incertezas no projeto e na construção
Bloco	Bombas Ventiladores Motores diesel Moinhos Compressores	Não necessário	Alta ou baixa, conforme subsolo	Características do solo são estimadas grosseiramente
Radier	Ventiladores Turbinas a gás Compressores	Não necessário	Alta ou baixa, conforme subsolo	Características do solo são estimadas grosseiramente
Pórtico	Turbogeradores Ventiladores Compressores	Necessidade de acesso	Geralmente baixa	Características de rigidez do concreto armado são também pouco confiáveis
Elementos mola-amorte-cedores	Turbogeradores Moinhos Motores diesel	Não necessário	Baixa	Confiabilidade de cálculos

De qualquer forma, qualquer carga periódica pode ser decomposta em suas componentes harmônicas pela análise de Fourier (vide Anexo).

4.3.1 Máquinas rotativas

Conforme já dito, neste capítulo é dada uma breve introdução ao assunto de fundações de máquinas rotativas. Uma visão mais abrangente será dada no Capítulo 5.

Cargas dinâmicas se originam de partes rotativas de máquinas, em decorrência de balanceamento insuficiente ou de campos eletrodinâmicos. São de um dos dois tipos a seguir:

- excitação de amplitude constante;
- excitação de amplitude crescente com a rotação.

No primeiro caso, *excitações de amplitude constante* são, em geral, resultantes de campos eletromagnéticos alternantes.

Tabela 4.3
Elementos de isolação mola–amortecedor

	Molas de aço helicoidais	Borracha	Cortiça reforçada	Colchões de ar	Molas de chapa
Frequência de utilização	4 a 10 Hz, qualquer direção	5 a 20 Hz	5 a 20 Hz	0,5 a 3 Hz	4 a 10 Hz, uma direção
Características da mola	Linear	Progressiva			
Aplicação	Em casos de urgência	Em casos de alta frequência, cargas baixas, pequenas vibrações	Máquinas de alta velocidade	Baixas frequências e pequenos deslocamentos	
Amortecimento	Amortecedores separados devem ser acrescentados				
Comentários	Permite sintonia por substituição de elementos	Permite sintonia por substituição de elementos	Não permite substituição	Manutenção da pressão de ar problemática	

Um modelo simplificado de uma fundação de máquina rotativa é mostrado na Figura 4.1.

A equação movimento, ao se considerar um carregamento harmônico, já é conhecida,

$$M\ddot{u} = C\dot{u} + Ku = p_0 \operatorname{sen}\Omega t,$$

e pode ser também colocada na forma

$$\ddot{u} + 2\xi\omega\dot{u} + \omega^2 u = \frac{p_0}{M}\operatorname{sen}\Omega t.$$

A resposta, em regime permanente, é

$$u(t) = \rho \operatorname{sen}(\Omega t - q),$$

com amplitude

Suspensões de equipamentos: transmissibilidade

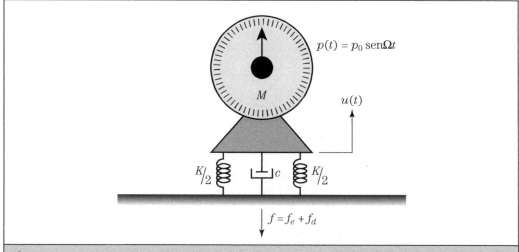

Figura 4.1 – Sistema de isolação de vibrações para um modelo de 1GL.

$$\rho = \frac{p_0}{K} \frac{1}{\sqrt{(1-\beta^2)^2 + (2\xi\beta)^2}}.$$

Deve-se lembrar que, como já dito, a resposta em regime permanente é um movimento harmônico com frequência igual à da excitação e amplitude igual à resposta estática p_0/K multiplicada por um "coeficiente de amplificação dinâmica" na forma

$$D = \frac{1}{\sqrt{(1-\beta^2)^2 + (2\xi\beta)^2}}.$$

Excitação de amplitude crescente com a rotação está relacionada com deficiências de balanceamento. Aparece quando o centro de massa da peça rotativa não coincide com o eixo de rotação. O produto massa vezes excentricidade é chamado desbalanceamento.

Essas forças originam-se de:

- tolerância excessiva na fabricação;
- rigidez à flexão do eixo insuficiente;
- excentricidade acidental na operação;
- massas excêntricas intencionais para gerar vibrações;
- desgaste de apoios;
- acidentes (quebra de hélices, por exemplo).

Máquinas sujeitas a esse tipo de excitação são:

Introdução à dinâmica das estruturas para a engenharia civil

- ventiladores;
- centrífugas;
- vibradores;
- máquinas de lavar;
- bombas centrífugas;
- impressoras rotativas;
- turbinas;
- geradores.

As amplitudes das excitações devidas a deficiências de balanceamento crescem quadraticamente com a frequência, como se segue:

$$p_o = m_o e \frac{4\pi^2}{3.600} N^2 = m_o e 4\pi^2 f^2 = m_o e \Omega^2,$$

onde

p_o: força centrífuga (amplitude do carregamento)
m_o: massa desbalanceada
e: excentricidade
N: número de rotações por minuto
f: frequência da excitação, em Hz
Ω: frequência da excitação, em rad/s

Como, neste caso, a amplitude do carregamento harmônico cresce quadraticamente com a frequência de rotação, o coeficiente de amplificação dinâmico passa a ter a forma:

$$D = \frac{\beta^2}{\sqrt{\left(1 - \beta^2\right)^2 + \left(2\xi\beta\right)^2}}.$$

4.3.2 Máquinas com partes oscilantes

Máquinas com partes oscilantes são, por exemplo:

- máquinas de tecelagem;
- motores a explosão;
- compressores a pistão;
- bombas a pistão;
- máquinas trituradoras;
- peneiras vibratórias.

Suspensões de equipamentos: transmissibilidade

Embora todas as máquinas a pistão exerçam forças oscilantes predominantemente na direção do movimento dos pistões, elas também geram movimentos em função da excentricidade da conexão das bielas com a árvore de manivelas. Ambas as excitações são do tipo que cresce quadraticamente com a frequência de rotação. Dependem, entretanto, do número de pistões e de seu arranjo. Assim, por exemplo, motores de seis cilindros seriam, em princípio, balanceados.

De qualquer forma, trata-se de carregamentos muito complexos, embora periódicos, exigindo o uso da análise de Fourier.

4.3.3 Máquinas de impacto

Conforme já dito, neste capítulo é dada uma breve introdução ao assunto de fundações de máquinas de impacto. Uma visão mais abrangente será dada no Capítulo 6.

Máquinas de impacto são, por exemplo:

- prensas de moldagem;
- prensas de punção;
- martelos pneumáticos;
- forjas.

Enquanto os dois últimos exercem cargas de impacto intermitentes, prensas têm também partes oscilantes. O impacto puro gera uma vibração livre amortecida que decai com o tempo. Como a frequência de operação pode ser alta, o decaimento total das vibrações entre impactos pode não ser possível.

4.4 ISOLAÇÃO DE VIBRAÇÕES – SISTEMAS DE 1 GRAU DE LIBERDADE

4.4.1 Isolação de suspensões para carregamentos harmônicos

Um primeiro problema consiste em isolar as fundações e a região em volta de uma máquina das vibrações por ela geradas. Considere-se o mesmo esquema da Figura 4.1.

Tendo a resposta (deslocamento), pode-se calcular a força elástica que a mola aplica sobre a fundação

$$f_e = Ku = p_0 D \operatorname{sen}(\Omega t - \theta),$$

já a velocidade pode ser determinada por derivação no tempo e colocada na forma

$$\dot{u}(t) = \frac{p_0}{K} D\Omega \cos(\Omega t - \theta),$$

76 — Introdução à dinâmica das estruturas para a engenharia civil

permitindo calcular a força que o amortecedor aplica sobre a fundação

$$f_d = C\dot{u} = C\frac{p_0}{K}D\Omega\cos(\Omega t - \theta) = 2\xi\beta D p_0 \cos(\Omega t - \theta).$$

Essas duas forças não atuam com seus valores máximos simultaneamente, por estarem 90 graus fora de fase (uma é uma senoide, e outra, uma cossenoide). Assim, a intensidade máxima de força sobre as fundações é dada pela raiz quadrada da soma dos quadrados, na forma

$$f_{\text{máx}} = \sqrt{f_{e,\text{máx}}^2 + f_{d,\text{máx}}^2} = p_0 D\sqrt{1 + (2\xi\beta)^2}.$$

A razão entre a intensidade da força máxima na fundação e a amplitude da força aplicada recebe o nome de TRANSMISSIBILIDADE:

$$TR \equiv \frac{f_{\text{max}}}{p_0} = D\sqrt{1 + (2\xi\beta)^2}.$$

Como o que se quer é avaliar a eficiência do isolamento de vibrações, é costume definir essa eficiência como $1 - TR$.

O gráfico da transmissibilidade como função da razão de frequências e da taxa de amortecimento está na Figura 4.2. Nota-se que todas as curvas cruzam na razão de frequências $\beta = \sqrt{2}$.

Dois pontos devem ser observados:

a. só se consegue isolamento para $\beta > \sqrt{2}$;

b. aumento da taxa de amortecimento acima dessa relação de frequências piora a situação de transmissão de forças de uma máquina para a fundação.

Apesar do comentado, a presença de amortecimento é necessária para controlar vibrações nas fases transientes de aceleração e desligamento da máquina. Nessa fase, verifica-se que a transmissibilidade é maior que 1, isto é, aumenta a amplitude das vibrações. Para se controlar essas vibrações transientes, costuma-se aumentar a massa do bloco de apoio com consequente necessidade de aumento da rigidez do elemento elástico de apoio para manter a mesma frequência natural determinada pela TR desejada em regime permanente. A seguir, expõe-se uma ideia de como fazer isso.

A amplitude máxima de deslocamento para carregamento harmônico é

$$\rho = \frac{p_0}{K}D = \frac{p_0}{M\omega^2}D.$$

Fazendo a frequência da excitação Ω variar desde zero até a frequência de operação em regime permanente, mantida a mesma taxa de amortecimento (seguindo

Suspensões de equipamentos: transmissibilidade

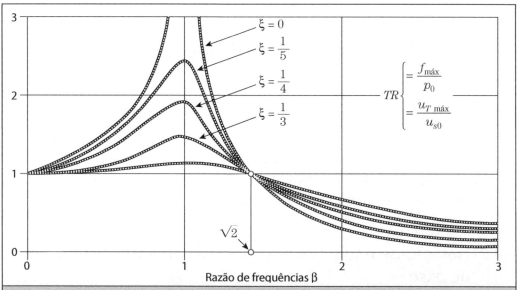

Figura 4.2 – Taxa de transmissibilidade de vibrações (carga aplicada ou excitação de suporte). Adaptado de Clough, R., Penzien, J., Dynamics of Structures, 2nd Ed. New York: McGraw, 1993.

uma das curvas da Figura 4.2 e a mesma frequência natural, é possível demonstrar, derivando e igualando a zero, que a amplificação dinâmica passa por um valor máximo

$$\rho_{máx} = \frac{p_0}{M\omega^2} \frac{1}{2\xi\sqrt{1-\xi^2}}.$$

É esse valor que se deseja limitar, daí resultando a massa da fundação necessária para tanto.

Exemplo 4.1

Uma máquina de 450 kg de massa opera a 1.800 rpm em regime permanente. Sabe-se que ela tem um desbalanceamento que causa uma força harmônica de 20 kN. Projetar um sistema de isolamento que limite a força transmitida ao solo a 4 kN. Além disso, querem-se limitar os deslocamentos máximos durante os transientes ao ligar e desligar a 1 cm. Adotar taxa de amortecimento 0,05.

A transmissibilidade desejada é TR = 4 kN/20 kN = 0,2. Esse valor corresponde a uma razão de frequências β = 2,48 tirada da Figura 4.2 e a uma frequência natural desejada de

$$\omega = \frac{1.800 \text{ rpm }(2\pi \text{ rad/rev})(1 \text{ m/60s})}{2,48} = 76 \text{ rad/s}.$$

Limitando a amplitude máxima de vibrações quando se liga ou desliga a máquina,

$$\rho_{máx} = \frac{p_0}{M\omega^2}\frac{1}{2\xi\sqrt{1-\xi^2}} = \frac{20.000 \text{ N}}{M(76 \text{ rad/s})^2}\cdot\frac{1}{2(0,05)\sqrt{1-(0,05)^2}} = 0,01 \text{ m},$$

determina-se a massa suspensa total $M = 3.460$ kg. Assim, é necessário ter-se um bloco de apoio para a máquina de cerca de 3 t de massa. Definida essa massa, pode-se agora calcular a rigidez dos elementos elásticos da suspensão:

$$K = M\omega^2 = (3.460 \text{ kg})(76 \text{ rad/s}^2) = 2,0 \times 10^7 \text{ N/m}.$$

Ao se calcular a amplitude de vibração em regime permanente para esse sistema, verifica-se que ficou reduzida a apenas 0,2 mm.

4.4.2 Isolação de equipamentos para movimentos harmônicos de base

Um segundo problema consiste em isolar equipamentos delicados (como computadores) de vibrações transmitidas pelas bases. O modelo simplificado é mostrado na Figura 4.3.

Neste caso, a equação do movimento é

$$M\ddot{u} = C\dot{u} + Ku = P(t) = -M\ddot{u}_s,$$

em função da aceleração da base.

Pode-se demonstrar, com certo trabalho algébrico, que a razão entre a amplitude da aceleração máxima total da massa suspensa e a amplitude da aceleração da base, consideradas ambas harmônicas, é dada pela mesma transmissibilidade já deduzida para o caso anterior, isto é,

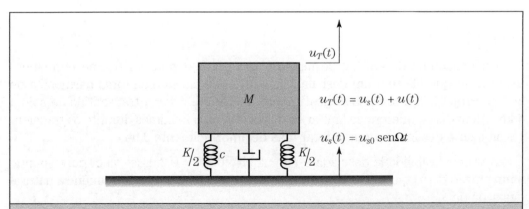

Figura 4.3 – Sistema de isolação de vibrações para um modelo de 1GL (excitação de suporte).

Suspensões de equipamentos: transmissibilidade

$$TR \equiv \frac{\ddot{u}_{T\,\text{máx}}}{\ddot{u}_s} = D\sqrt{1 + (2\xi\beta)^2}.$$

As mesmas considerações valem quanto à eficiência do isolamento.

Exemplo 4.2

Um equipamento de monitoramento hipotético com massa de 10 kg deve ser instalado em uma indústria. Em virtude da operação de bombas e compressores, o piso do laboratório vibra com amplitude de 4 mm a uma frequência de 2.500 rpm. As especificações desse aparelho limitam a aceleração máxima que pode sofrer a 5 g. Qual deve ser a rigidez de um isolador com taxa de amortecimento 0,05? Qual o deslocamento máximo que o equipamento poderá sofrer?

A aceleração do piso é

$$\Omega^2 U = \left(2.500\,\frac{\text{rev}}{\text{min}}\, 2\pi\,\frac{\text{rad}}{\text{rev}}\,\frac{\text{min}}{60\text{s}} \right)^2 (0,004\text{ m}) = 274,1\,\frac{\text{m}}{\text{s}^2} = 27,95\text{ g}.$$

A transmissibilidade que se deseja ter é

$$TR = \frac{5g}{27,95g} = 0,179.$$

Para a taxa de amortecimento dada $\xi = 0,05$, obtém-se da Figura 4.2 $\beta = 2,6$, onde a frequência natural do sistema de suspensão deverá ser

$$\omega = \frac{\Omega}{2,6} = 100,7\text{ rad/s},$$

correspondendo a uma rigidez

$$k = m\omega^2 = 1,01 \times 10^5\text{ N/m}$$

O deslocamento máximo pode ser obtido diretamente usando-se o coeficiente de transmissibilidade:

$$u_{\text{máx}} = TR \times U = 0,1794\text{ mm} = 0,72\text{ mm}.$$

Exemplo 4.3

Deformações, às vezes, acontecem em pontes de concreto em razão do *creep* (deformação lenta), e se a ponte consiste de uma série de vãos iguais, essas deformações podem excitar harmonicamente veículos viajando sobre a ponte a velocidade constante. É claro que as molas e amortecedores do carro devem prover um sistema de isolamento de vibrações para limitar o deslocamento vertical transmitido pela estrada aos ocupantes.

80 Introdução à dinâmica das estruturas para a engenharia civil

Vamos supor um veículo de 18 kN de peso. Sabe-se que se uma pessoa de 750 N sobe no carro, este desce 3,3 mm. Se essa pessoa sai instantaneamente, o carro entra em vibração livre amortecida e o deslocamento na volta do primeiro ciclo é de apenas 0,33 mm. Admite-se que o perfil da ponte possa ser representado por uma curva de seno. O vão livre de cada tramo é de 12 m, a flecha no meio do vão é de 60 mm e o limite de velocidade é de 70 km/h.

Quando o carro está viajando a 70 km/h, isto é, aproximadamente 20 m/s, o período da excitação de suporte é

$$T_p = \frac{12 \text{ m}}{20 \text{ m/s}} = 0{,}6 \text{ s}.$$

A rigidez das molas de suspensão é

$$k = 750 \text{ N}/0{,}0033 \text{ m} = 227.227{,}27 \text{ N/m},$$

enquanto o período natural do veículo é

$$T = \frac{2\pi}{\omega} = 2\pi\sqrt{\frac{m}{k}} = 2\pi\sqrt{\frac{1.800 \text{ kg}}{227227{,}27 \text{ N/m}}} = 0{,}56 \text{ s} \quad \text{e}$$

$$\beta = \frac{T}{T_p} = 0{,}9333.$$

O amortecimento da suspensão é obtido pelo decremento logarítmico:

$$\frac{2\pi\xi}{\sqrt{1 - \xi^2}} = \ln\frac{u_n}{u_{n+1}} = \ln\frac{3{,}3}{0{,}33},$$

de onde se pode concluir que, aproximadamente, $\xi \approx 33\%$ é a taxa de amortecimento dos amortecedores do veículo.

O deslocamento máximo do veículo é dado pela transmissibilidade da suspensão:

$$u_{\text{máx}} = u_s\sqrt{\frac{1 + (2\xi\beta)^2}{(1 - \beta^2)^2 + (2\xi\beta)^2}} = \frac{60}{2}(1{,}867) = 56 \text{ mm}.$$

Só a título de curiosidade, se o carro não tivesse amortecimento, $\xi = 0$, o deslocamento máximo seria de absurdos 232 mm!

Claro que o problema maior dessa ponte é a velocidade máxima permitida, que está quase em ressonância. Seria mais adequada uma velocidade máxima bem mais alta ou bem mais baixa, para veículos com essas características.

4.5 CONTROLE DE VIBRAÇÕES POR MEIO DE MASSAS SINTONIZADAS (TMD)

Vibrações de grande amplitude aparecem em um sistema quando sujeito a uma excitação harmônica com frequência Ω próxima da frequência natural do sistema. A amplitude de resposta pode ser reduzida mudando-se a massa e/ou a rigidez para tentar evitar a ressonância. Esse procedimento é, em geral, ineficiente e dispendioso. Alternativamente, um grau de liberdade adicional pode ser adicionado, de forma a que as duas frequências resultantes afastem-se da frequência da excitação.

Um absorvedor de vibrações (*tuned mass damper*, TMD, em inglês) é um sistema massa–mola, convenientemente sintonizado, acoplado ao corpo vibrante de forma a minimizar suas oscilações. Considere-se o sistema da Figura 4.4. A massa principal m_1 esta sobre uma fundação com rigidez k_1 e é excitada por uma carga harmônica de frequência próxima à ressonância. Um absorvedor m_2 é conectado por meio de um elemento elástico de rigidez k_2.

As frequências iniciais dos dois sistemas isolados são:

$$\omega_{10} = \sqrt{\frac{k_1}{m_1}} \quad \text{e} \quad \omega_{20} = \sqrt{\frac{k_2}{m_2}}.$$

A equação do movimento dos dois vibradores acoplados, negligenciado o amortecimento, é

$$\begin{bmatrix} m_1 & 0 \\ 0 & m_2 \end{bmatrix} \begin{Bmatrix} \ddot{u}_1 \\ \ddot{u}_2 \end{Bmatrix} + \begin{bmatrix} k_1 + k_2 & -k_2 \\ -k_2 & k_2 \end{bmatrix} \begin{Bmatrix} u_1 \\ u_2 \end{Bmatrix} = \begin{Bmatrix} p_0 \\ 0 \end{Bmatrix} \operatorname{sen} \Omega t.$$

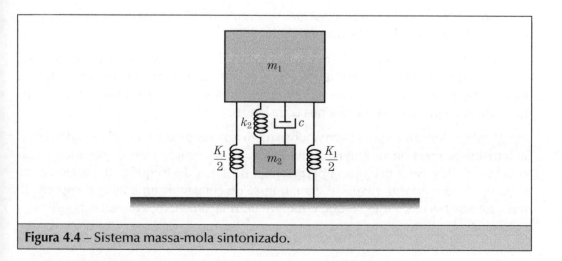

Figura 4.4 – Sistema massa-mola sintonizado.

A solução é também harmônica e em fase, na forma

$$\left\{ \begin{array}{c} u_1 \\ u_2 \end{array} \right\} = \left\{ \begin{array}{c} U_1 \\ U_2 \end{array} \right\} \operatorname{sen} \Omega t,$$

onde U_1 e U_2 são as amplitudes dos movimentos harmônicos das duas massas. Essa solução, substituída na equação do movimento, cancelada a função seno (não nula, no geral), leva a

$$\left[\begin{array}{cc} -\Omega^2 m_1 + k_1 + k_2 & -k_2 \\ -k_2 & -\Omega^2 m_2 + k_2 \end{array} \right] \left\{ \begin{array}{c} U_1 \\ U_2 \end{array} \right\} = \left\{ \begin{array}{c} p_0 \\ 0 \end{array} \right\}.$$

A solução dessa equação algébrica para as amplitudes leva a uma relação entre elas dada por

$$\frac{U_1}{U_2} = \frac{-\Omega^2 m_2 + k_2}{k_2} = 1 - \beta_2^2,$$

onde

$$\beta_2 = \frac{\Omega}{\omega_{20}}.$$

Assim, quando se querem anular os deslocamentos em regime permanente da massa principal, deve-se colocar a frequência do absorvedor em ressonância com a excitação. Nessas condições, a amplitude de vibração da massa secundária é

$$U_2 = \frac{p_0}{k_2}.$$

Entretanto, quando projetando um absorvedor de vibrações como esse, é preciso ter em mente as indicações que se seguem.

Quando o absorvedor de vibrações é sintonizado com a frequência de excitação, uma das duas frequências resultantes é menor que esse valor e outra maior. Assim, passa-se pela mais baixa durante a aceleração ou desligamento da máquina, podendo-se chegar a grandes vibrações nos transientes.

As vibrações em regime permanente da massa original só são eliminadas completamente se não houver amortecimento e, para uma velocidade de operação muito bem definida. Se a máquina operar em certa faixa de frequências, pode-se ter ainda oscilações consideráveis. Assim, tem-se de conseguir uma faixa de operação que cubra as necessidades, o que depende da relação entre a massa secundária e a principal

Suspensões de equipamentos: transmissibilidade

$$\mu = \frac{m_2}{m_1},$$

que normalmente é um número pequeno, e a relação entre as frequências dos osciladores isolados

$$q = \frac{\omega_{20}}{\omega_{10}},$$

a qual, em geral, é aproximadamente igual a 1. Um estudo desse tipo é mais facilmente realizado por tentativa e erro.

Exemplo 4.4

Uma máquina de massa 150 kg com um desbalanceamento de 0,5 kgm foi montada no meio do vão de uma viga biapoiada de 2 m de comprimento L. A velocidade de operação é de 1.200 rpm. A viga é de aço ($E = 2,1 \times 10^{11}$ Pa) e seção com momento de inércia $I = 2,1 \times 10^{-6}$ m^4. Projetar um absorvedor dinâmico de vibrações anexado ao meio do vão da viga de forma a cessar as vibrações da máquina e a que a amplitude do movimento em regime permanente do absorvedor seja menos que 2 cm. Quais as frequências naturais do sistema com o absorvedor montado? Desconsiderar a massa própria da viga e a presença de amortecimento.

Rigidez para movimentos verticais da seção central da viga:

$$k_1 = \frac{48EI}{L^3} = \frac{48(2,1 \times 10^{11} \text{N/m}^2)(2,1 \times 10^{-6} \text{m}^4)}{(2 \text{ m})^3} = 2,646 \times 10^6 \text{ N/m}.$$

Frequência inicial do sistema sem o absorvedor

$$\omega_{10} = \sqrt{\frac{k_1}{m_1}} = \sqrt{\frac{2,65 \times 10^6 \text{ N/m}}{150 \text{ kg}}} = 132,8157 \text{ rad/s} = 21,1383 \text{ Hz}.$$

A velocidade de operação é

$$\Omega = (1.200 \text{ rpm})\left(2\pi \frac{\text{rad}}{\text{rev}}\right)\left(1\frac{1 \text{min}}{60 \text{ s}}\right) = 125,6637 \text{ rad/s} = 20 \text{ Hz}.$$

Assim, vibrações de grande amplitude devem ser esperadas sem o absorvedor. Adota-se a frequência inicial do absorvedor desacoplado ao sistema coincidindo com a velocidade de operação

$$\omega_{20} = \sqrt{\frac{k_2}{m_2}} = 125,6 \text{ rad/s}.$$

Para limitar o deslocamento máximo da massa secundária a 2 cm, tem-se

$$k_2 = \frac{p_0}{U_{2\text{máx}}} = \frac{me\Omega^2}{U_{2\text{máx}}} = \frac{(0,5 \text{ kgm})(125,6 \text{ rad/s})^2}{0,02 \text{ m}} = 3,94784 \times 10^5 \text{ N/m}.$$

A massa secundária necessária é

$$m_2 = \frac{k_2}{\omega_{20}^2} = 25 \text{ kg}.$$

O cálculo das duas frequências do sistema acoplado resulta em

$$\omega_1 = 105,86 \text{ rad/s} = 16,8484 \text{ Hz} \qquad \omega_2 = 157.66 \text{ rad/s} = 25,0923 \text{ Hz}.$$

Com se vê, a frequência de operação da máquina ficou entre esses dois valores. Se ela operar estritamente na frequência especificada, as vibrações do suporte da máquina seriam nulas, se o amortecimento for nulo. Caso contrário, a determinação de uma faixa de operação entre essas frequências dentro da qual essas vibrações são aceitáveis deveria ser feita. Uma sugestão seria algo como 10% acima da mais baixa e 10% abaixo da mais alta, isto é, aproximadamente $115 < \Omega < 140$ rad/s.

5. FUNDAÇÕES DE MÁQUINAS ROTATIVAS

5.1 ESCOPO E CAMPO DE APLICAÇÃO

O objetivo deste capítulo é especificar diretrizes para estruturas de aço ou concreto armado que suportam sistemas mecânicos ("fundações de máquinas"). Tais sistemas mecânicos devem ser entendidos como máquinas com elementos principalmente rotativos. Para o propósito deste texto, faz-se distinção entre os seguintes tipos de fundações de máquinas:

a. fundações em mesas;
b. fundações sobre molas;
c. blocos;
d. plataformas.

As disposições aqui especificadas pretendem prevenir que as cargas dinâmicas transmitam vibrações inaceitáveis ao ambiente ou causem danos à máquina e a suas fundações. Este texto fornece critérios para determinar o comportamento vibratório e a análise de ações e efeitos, e cobre princípios de construção baseados na experiência atual com fundações de máquinas.

5.2 CONCEITOS

Os conceitos que serão apresentados a seguir, embora alguns já tenham sido abordados nos capítulos anteriores, visam a dar embasamento, de uma forma mais didática, à descrição do problema de fundações de máquinas rotativas.

86
Introdução à dinâmica das estruturas para a engenharia civil

5.2.1 Ações e efeitos

Para os propósitos deste texto, ações e efeitos são forças/momentos devidos a cargas estáticas ou dinâmicas atuantes e deslocamentos/rotações deles resultantes.

5.2.2 Modelo

Para os propósitos deste texto, um modelo é uma representação do sistema mecânico real usado para cálculo de suas características essenciais. Cada deslocamento independente de um ponto material ou elemento do modelo, dentro de uma configuração espacial, é definido como um grau de liberdade.

5.2.3 Máquina

5.2.3.1 Frequência de serviço

A frequência de serviço é a velocidade de rotação em condições de serviço, expressa em s^{-1} ou min^{-1}.

5.2.3.2 Faixa de frequência de serviço

A faixa de frequência de serviço é a faixa de velocidades de rotação em condições de serviço.

5.2.3.3 Frequência de excitação

Frequência de excitação é a frequência em que as cargas dinâmicas atuam sobre o sistema. É usualmente a mesma da frequência de serviço.

5.2.3.4 Qualidade de balanceamento

A qualidade de balanceamento de um sistema é a medida, G, do desbalanceamento do rotor, expressa como $G = e\,\Omega$, onde e é a excentricidade do rotor. A Tabela 5.1 mostra os valores do grau de qualidades de balanceamento em função dos tipos de máquinas.

5.2.3.5 Momento acionador

Momento acionador é o torque de entrada de uma máquina acionada por uma fonte de energia (turbina, por exemplo).

Fundações de máquinas rotativas

Tabela 5.1		
Grau de qualidades de balanceamento		
Grau de qualidade de balanceamento	Produto excentricidade por frequência, mm/s	Tipo de máquina
G 4.000	4.000	Motores diesel marítimos pesados com número ímpar de cilindros
G 1.600	1.600	Motores de dois cilindros pesados
G 630	630	Motores de quatro cilindros pesados
G 250	250	Motores diesel rápidos com quatro cilindros
G 100	100	Motores diesel com três ou mais cilindros (carros, caminhões e locomotivas)
G 40	40	Rodas de carros e motores rápidos de seis ou mais cilindros
G 16	16	Máquinas de moer, máquinas agrícolas
G 6,3	6,3	Turbinas marítimas, cilindros de máquinas de papel, ventiladores, acionadores de bombas
G 2,5	2,5	Turbinas a gás e a vapor, discos de computadores, turbocompressores, motores elétricos
G 1	1	Gravadores de fita e toca-discos Motores pequenos
G 0,4	0,4	Giroscópios

5.2.3.6 Momento de saída

Momento de saída é o torque de saída de uma fonte de energia que aciona uma máquina (gerador, por exemplo).

5.2.3.7 Forças de vácuo

Forças de vácuo são cargas estáticas que resultam quando se produz vácuo no condensador de uma turbina a vapor.

5.2.3.8 Curto-circuito terminal e perda de sincronização

Curto-circuito terminal e perda de sincronização são defeitos transientes que ocorrem como resultado de uma rápida mudança nas forças magnéticas na folga interna de uma máquina elétrica.

5.2.4 Geometria

5.2.4.1 Tipos de fundações

Fundação em bloco

Uma fundação em bloco é feita de concreto armado e descarrega diretamente sobre o solo.

Fundação em mesa

Uma fundação em mesa consiste de um bloco sobre colunas, usualmente em pares. As colunas usualmente descarregam em uma base de concreto armado que, por sua vez, descansa sobre o solo.

Fundação em molas

Uma fundação em molas consiste de elementos de mola, usualmente pré-fabricadas, tendo constantes de mola definidas, e a estrutura de suporte, que é definida como a estrutura sob os elementos de mola, incluindo o solo.

Fundação em plataforma

Uma fundação em plataforma é uma construção em blocos e vigas sobre a qual a máquina se apoia, e que é integrada a outra estrutura de múltiplos andares.

5.2.4.2 Diretrizes para pré-dimensionamento

Fundações em blocos

1. O fundo do bloco de fundações deve, quando possível, estar acima do nível da água. Não deve se apoiar em solo reposto nem em solo sensível a vibrações. Cabe ao consultor de solo definir se o apoio será sobre solo ou sobre estacas ou tubulões.

2. Os seguintes itens se aplicam a blocos sobre o solo:
   a. blocos rígidos sobre o solo devem ter massa de duas a três vezes a massa da máquina suportada, para máquinas rotativas. Para máquinas a pistão, a massa da fundação deve ser de três a cinco vezes a massa da máquina;
   b. o topo do bloco deve ficar a pelo menos 30 cm acima do piso em torno, para prevenir problemas com água superficial;

Fundações de máquinas rotativas

c. a espessura do bloco não deve ser menor que 60 cm ou do comprimento dos chumbadores necessários; não deve ser menor que um quinto da menor dimensão nem um décimo da maior dimensão, em planta;

d. a fundação deve ser larga para melhorar o desempenho no modo de rolamento em torno do eixo longitudinal; a largura deve ser de 1 a 1,5 vezes a distância vertical da base ao eixo da máquina;

e. uma vez escolhida a espessura e a largura do bloco, o comprimento deve ser determinado de acordo com o item a) desta relação, provendo-se área suficiente para suporte da máquina mais 30 cm de folga da beirada da máquina à face externa do bloco para facilitar manutenção;

f. o comprimento e largura da fundação devem ser ajustados de forma a que o centro de gravidade da máquina e equipamentos coincidam com o centro de gravidade da fundação;

g. para máquinas a pistão grandes, pode ser desejável que a parte do bloco inserida no solo seja, pelo menos, de 50 a 80% da altura total do bloco;

h. se a análise dinâmica indicar ressonância com a frequência atuante, a massa do bloco deve ser aumentada ou diminuída de forma que, em geral, o sistema modificado fique em sintonia alta ou baixa, para máquinas a pistão ou centrífugas, respectivamente.

3. As seguintes diretrizes só se aplicam a fundações por blocos suportadas por estacas:

a. a massa sobre as estacas deve ser de 1,5 a 2,5 vezes e 2,5 a quatro vezes a massa da máquina centrífuga e a pistão, respectivamente;

b. espessura, largura e comprimento do bloco devem respeitar os itens 2(b) a 2(f);

c. o número e seção das estacas deve ser selecionado de forma a que nenhum elemento receba mais que metade de sua carga admissível de projeto;

d. as estacas devem ser arranjadas de forma a que o centro de gravidade do grupo de estacas coincida com o centroide de cargas da estrutura e da máquina;

e. pode ser desejável cravar algumas estacas inclinadas para fora do bloco, para absorver forças horizontais;

f. quando se usar tubulões, é sempre desejável fazer o alargamento de suas bases para maior capacidade de carga;

g. se a ressonância for predita, modificações são necessárias, de acordo com o item 2(h);

h. as estacas e os tubulões devem ser adequadamente ancorados no bloco.

Fundações em mesa

1. Caso não fornecido pelo fabricante da máquina, o projetista da mesa deve prever espaço suficiente para equipamento, ancoragens, tubulações, espaço para manutenção etc.

2. O fundo do bloco de fundação deve ser definido pelo consultor de solos levando em conta nível do lençol freático, resistência do solo etc. Cabe também a ele definir o uso de estacas.

3. As colunas devem ser tensionadas de forma uniforme sob cargas verticais e serem capazes de resistir a seis vezes a essas cargas. A distância entre elas, em planta, deve ser menor que 4 m, se possível. Colunas intermediárias devem, de preferência, ser locadas sob os acoplamentos e caixas de redução.

4. A altura das vigas deve ser de, no mínimo, 1/5 dos vãos, sua largura deve ser igual à das colunas em que se apoiam, consistentemente com as ancoragens previstas. As vigas não devem sofrer flechas de mais de 0,5 mm.

5. A rigidez à flexão das vigas deve ser, no mínimo, o dobro da das colunas.

6. A massa total da estrutura deve ser, no mínimo, três vezes a da máquina suportada, se centrífuga, e cinco vezes, se a pistão.

7. A massa da parte superior da estrutura deve ser, no mínimo, igual à da máquina suportada.

8. A máxima tensão no solo para estruturas com fundação direta não deve ser maior que metade da tensão admissível do solo. Para fundações sobre estacas, a estaca mais solicitada não deve suportar mais que a metade de sua carga admissível.

9. O centro de gravidade da fundação ou do grupo de estacas deve estar dentro de 30 cm do centro de carga do sistema estrutura–máquina.

10. Todas as colunas devem se deslocar igualmente nas direções vertical, lateral e longitudinal para cargas estáticas equivalentes a 0,5, 0,3 e 0,1 da carga total em cada uma dessas direções, com a carga vertical atuando em todos os casos. Os deslocamentos horizontais máximos não devem ultrapassar 0,5 mm, em nenhum caso.

11. Quando usadas estacas ou tubulões, deve-se também respeitar as diretrizes 3(a) a 3(h) apresentadas na seção anterior.

Fundações de máquinas rotativas

5.3 MATERIAIS E SOLO

5.3.1 Estrutura de concreto armado

Devem ser seguidas as disposições da norma correspondente, quanto à resistência e ao módulo de elasticidade do concreto e do aço de armação. Para cargas dinâmicas não se deve adotar aço liso para as armaduras.

Quanto ao amortecimento, quando não for disponível mais informações, pode-se adotar uma taxa de amortecimento global de 0,02. Se adotado amortecimento viscoso relacionado com a rigidez, o amortecimento do modo de frequência mais alta f_n considerado deve ser menor ou igual a 0,02.

5.3.2 Estrutura metálica

Devem ser seguidas as disposições da norma correspondente quanto à resistência e módulo de elasticidade do aço.

Quanto ao amortecimento, quando não houver disponível mais informação, pode-se adotar um fator de amortecimento global de 0,008. Se adotado amortecimento viscoso relacionado com a rigidez, o amortecimento do modo de frequência mais alta f_n considerado deve ser menor ou igual a 0,008.

5.3.3 Solo

Para a análise dinâmica, a resiliência do solo só deve ser considerada em casos especiais (ver Seção 5.5.2), exceto para fundações em blocos, quando a resiliência deve ser considerada. Pode ser vantajoso, entretanto, considerar o amortecimento do solo.

As características dinâmicas do solo, tais como módulo transversal e coeficiente de Poisson, só podem ser determinadas por medidas de campo e de laboratório. Como os valores medidos podem variar bastante, os cálculos que dependerem desses valores devem usar valores limites dessas quantidades obtidos na literatura.

5.4 CARGAS

5.4.1 Equipamentos

5.4.1.1 Generalidades

O fabricante do equipamento deve fornecer a seguinte informação:

a. cargas de montagem;

92 Introdução à dinâmica das estruturas para a engenharia civil

b. cargas devidas a funcionamento defeituoso;
c. cargas em frequência de serviço e na faixa da frequência de serviço;
d. efeitos térmicos da máquina ou de equipamentos ancilares sobre a fundação.

As cargas estáticas e dinâmicas, em cada um dos casos citados aqui, devem ser dadas separadamente.

Se o fabricante da máquina desejar que a fundação tenha certa rigidez, a informação de carga apresentada aqui deve ser dada na forma de valores de deslocamentos que não devem ser excedidos.

Se as vibrações devem ser restritas (para prevenir dano à máquina e aos seus equipamentos ancilares), mesmo no caso de funcionamento defeituoso, o fabricante deve fornecer os valores limites relevantes.

5.4.1.2 Cargas estáticas

As cargas relacionadas a seguir são estáticas, durante funcionamento normal:

a. a massa dos rotores e da carcaça da máquina;

b. a massa dos condensadores, dependendo de como eles são construídos e da quantidade de água que contêm;

c. a força de vácuo na turbina cujos condensadores são conectados à carcaça da turbina por compensadores verticais e horizontais;

d. os momentos atuantes e de saída que agem na fundação por meio da carcaça (pares verticais de forças);

e. cargas de atrito nos mancais, predominantemente horizontais, causadas por expansão térmica da carcaça;

f. cargas devidas à massa de equipamentos ancilares e às forças e momentos efetivos (que agem tanto na vertical como na horizontal, tais como expansão térmica, forças de fluxo e pressão de vapor);

g. efeitos térmicos da máquina e seus equipamentos ancilares; no caso de turbinas, uma diferença de temperatura de 20 graus de um lado ao outro da seção da fundação pode ser adotada, se não for especificada pelo fabricante.

Cargas de montagem são geralmente transientes e não ocorrem durante serviço normal, e incluem as cargas devidas a equipamentos de montagem e de levantamento de pesos.

Fundações de máquinas rotativas

5.4.1.3 Cargas dinâmicas

As cargas relacionadas a seguir são dinâmicas, durante funcionamento normal:

a. cargas verticais e horizontais nos mancais resultantes do desbalanceamento do rotor, dependentes da velocidade rotacional;

b. forças periódicas de operação, que agem nas fundações via carcaça ou mancais, tais como forças a duas ou várias vezes a frequência de rotação de máquinas e ventiladores de corrente alternada de fase única, forças da carcaça a duas vezes a frequência principal de máquinas trifásicas, ou forças magnéticas de frequência variável em máquina de indução;

c. forças e momentos que resultam de ligar ou desligar a máquina, ou outras situações transientes, tais como operação de conversores de choque ou durante sincronização.

As cargas principais que resultam de mau funcionamento são:

a. aumento de cargas periódicas nos mancais, no caso de desbalanceamento excepcional causado por quebra de palheta ou distorção do rotor;

b. curto-circuito terminal ou perda de sincronização em gerador ou motor;

c. choque em canos ou acoplamentos em desligamento de emergência.

5.4.2 Fundação

5.4.2.1 Cargas permanentes

Determinadas diretamente, respeitadas as normas aplicáveis.

5.4.2.2 Cargas impostas

Devem ser objeto de acordo entre o fabricante da máquina, o projetista da fundação e o cliente. A menos que seja especificada, uma carga imposta de $5kN/m^2$ deve ser admitida.

5.4.2.3 Deformação lenta e retração do concreto armado

De acordo com as normas específicas de concreto armado.

5.4.2.4 Efeitos de temperatura, vento e terremotos

Quando necessário, considerá-los, efeitos de temperatura, vento e terremotos obedecerão às normas específicas.

5.5 PROJETO

5.5.1 Generalidades

5.5.1.1 Objetivos

Fundações de máquinas devem acomodar as cargas estáticas e dinâmicas das máquinas. Devem ser projetadas com base nos movimentos durante serviço normal, respeitando os requisitos mínimos de desempenho, e prevenir que vibrações inaceitáveis sejam transmitidas ao ambiente. Isso pode ser verificado com base na amplitude de vibrações dos rotores, especialmente nos mancais, e forças associadas.

Qualquer que seja o efeito que o mau funcionamento da máquina exercer sobre as fundações, não deverá prejudicar seu subsequente desempenho sob condições de serviço.

Para verificar o cumprimento desses requerimentos gerais, deve ser realizada uma análise estática e dinâmica.

5.5.1.2 Análise estática

A análise estática de fundações de máquinas, isto é, análise da causa e efeito do sistema sob carga estática, deve ser baseada em casos de carregamento (ver Seção 5.6.1) para o equipamento (ver Seção 5.4.2.1) e para a fundação (ver Seção 5.4.2). Como é a mesma que se faria para uma estrutura qualquer, não se fala dela aqui.

Deve-se verificar a obediência aos deslocamentos limites especificados pelo fabricante da máquina, sob as condições de carga definidas (ver Seção 5.4.1.1).

No caso de estruturas de concreto armado, deformações decorrentes de deformação lenta e retração devem ser controladas por meio de projeto adequado.

5.5.1.3 Análise dinâmica

A análise dinâmica de fundações de máquinas serve para verificar o comportamento vibratório e determinar as relações de causa e efeito do sistema sob carregamento dinâmico. Deve ser baseada em um modelo da estrutura como um todo com comportamento linear e vários graus de liberdade. O método de determinação dos deslocamentos e forças dependerá de optar-se por levar em conta ou não forças excitadoras das vibrações.

Quando forças excitadoras não são consideradas, a predição do comportamento vibratório poderá ser baseada na comparação das frequências naturais calculadas para o sistema e o potencial de excitação dos correspondentes modos naturais.

Quando forças excitadoras forem fornecidas pelo fabricante da máquina ou forem estimadas, a predição do comportamento dinâmico poderá ser baseada em uma

Fundações de máquinas rotativas

análise de vibrações forçadas, caso em que as frequências e modos naturais de vibração também devem ser determinados.

Pode-se dispensar a análise dinâmica, se as massas dos elementos girantes for menor que um centésimo da massa de todo o sistema.

5.5.2 Estudo do modelo

5.5.2.1 Princípios

Um modelo deve facilitar a análise do sistema máquina–fundação. O sistema deve ser representado por um modelo elástico linear com massas distribuídas e concentradas sobre molas de suporte. A fonte de excitação, bem como as características do sistema tais como massa, rigidez e amortecimento, devem ser incluídas para permitir precisão suficiente.

5.5.2.2 Requisitos

O modelo deve usualmente consistir de elementos de vigas levando em conta cisalhamento e torção. Inércia rotacional pode ser negligenciada. Para o caso de concreto armado, as características geométricas da seção podem ser calculadas supondo-se ausência de fissuramento (estádio I). A distribuição de massa pode ser representada tanto realisticamente como distribuída em apenas alguns pontos. Deve-se notar, entretanto, que o uso de massa distribuída pode levar a modelos de menor número de graus de liberdade que os de massas concentradas. No caso de fundações em concreto armado, o eixo e a carcaça da máquina podem se considerados estáticos.

Cada ponto do modelo pode ter até seis graus de liberdade, três de translação e três de rotação. O número de graus de liberdade a serem considerados dependerá do caso, dependendo de vários fatores, como:

a. a geometria do sistema por inteiro;
b. o tipo de vibração investigada (vertical, horizontal ou torsional);
c. a faixa de frequências relevante;
d. o método de cálculo selecionado.

Se o sistema é simétrico com respeito ao plano central na direção longitudinal, terá modos de vibração simétricos e antissimétricos que podem ser calculados usando-se modelos que representam cada metade do sistema. A faixa de frequências relevante, isto é, aquelas que se aproximam da frequência de serviço, pode definir os graus de liberdade que devem ou não ser considerados.

O amortecimento pode ser negligenciado quando determinando vibrações livres, mas deve ser considerado quando calculando vibrações forçadas.

96 Introdução à dinâmica das estruturas para a engenharia civil

Quando necessário levar em conta a resiliência do solo (ver Seção 5.4.3.3), a resiliência contínua pode ser representada por molas discretas.

5.5.2.3 Representação simplificada

A fundação pode não ser representada por uma configuração espacial. Podem ser feitos modelos planos em dois planos verticais e na horizontal, dispensando-se a componente de rotação.

Para consideração de vibrações horizontais, a fundação pode ser liberada de seus apoios e retida lateralmente por molas.

Para fundações em mesa, as vibrações de flexão das colunas podem ser calculadas separadamente do sistema.

5.5.3 Vibrações livres

5.5.3.1 Frequências e modos de vibração livre

As frequências naturais f_1 a f_n e seus modos associados devem ser calculados em ordem crescente de valores.

O número de modos e de frequências a ser estabelecido deve ser selecionado de modo que a mais alta seja pelo menos 10% mais elevada que a frequência de serviço. Esta exigência pode ser dispensada para o caso de fundações de máquinas de alta frequência, acima de 75 Hz; entretanto, dependendo do modelo, o número n de frequências a calcular deve respeitar o seguinte:

a. $n = 10$ para modelos bidimensionais em que só deslocamentos verticais sejam considerados, e para modelos em que modos simétricos e antissimétricos não sejam desacoplados;

b. $n = 6$ para modelos bidimensionais em que só deslocamentos verticais sejam considerados e em que modos simétricos e antissimétricos sejam desacoplados.

5.5.3.2 Avaliação de vibrações com base em frequências e modos de vibração livre

Uma avaliação do comportamento dinâmico de uma fundação de máquina, conforme os objetivos da Seção 5.5.1.1, pode, como uma simplificação, ser baseada na relação entre as frequências naturais, f_n, e a frequência de serviço, f_m.

Se ambas as condições 1 e 2, apresentadas a seguir, forem respeitadas para cada modelo desacoplado, pode-se dispensar análises posteriores.

Fundações de máquinas rotativas

1. Primeira frequência natural

$$f_1 \geq 1{,}25 f_m$$

ou

$$f_1 \leq 0{,}8 f_m.$$

2. Frequências mais altas:

   a) frequências mais altas que se aproximem da frequência de serviço

   $$f_n \leq 0{,}9 f_m \quad \text{e} \quad f_{n+1} \leq 1{,}1 f_m;$$

   b) se a condição 2 não for respeitada, basta que f_n seja menor que f_m quando n for igual a 10 ou 6 (conforme a Seção 5.5.3.1).

Quando as condições 1 e 2 não forem respeitadas, uma avaliação mais precisa do comportamento vibratório poderá, ainda, ser obtida a partir da análise do potencial de excitação dos modos de vibração. Para esse fim, os modos mais altos dentro da faixa definida aqui podem ser analisados quanto à magnitude do deslocamento relativo, $x_{i,n}$ nos mancais, i, do eixo da máquina. Cada modo de vibração deve ser checado separadamente para cada mancal, i, para a seguinte condição:

$$x_{i,n} \left| \frac{f_n^2}{f_n^2 - f_m^2} \right| < 3.$$

Se essa condição não for atendida, então vibrações forçadas devem ser analisadas, de acordo com a Seção 5.5.4.

Note-se que o disposto na Seção 5.5.4 é recomendado para fundações de aço ou concreto cuja frequência de serviço f_m é menor que 75 Hz ou quando f_m for maior que f_n (onde n é igual a 10 ou 6, conforme a Seção 5.5.3.1).

5.5.4 Análise de vibrações decorrentes de desbalanceamento

5.5.4.1 Generalidades

Se o comportamento vibratório não pode ser adequadamente avaliado usando os métodos apresentados na Seção 5.5.3, uma análise de deslocamentos forçados, como definida na Seção 5.5.4.2, é necessária, com base nas forças excitadoras declaradas pelo fabricante da máquina. Na falta dessas informações, as forças determinadas de acordo com a Seção 5.5.4.2 podem ser usadas nos cálculos. Os deslocamentos assim obtidos podem ser comparados com valores fornecidos pelo fabricante, se disponíveis, ou com os valores obtidos segundo a Seção 5.5.4.3, tomando o estado de operação e, se necessário, o estado de mau funcionamento em consideração.

98 Introdução à dinâmica das estruturas para a engenharia civil

As forças devidas ao desbalanceamento, tanto no estado de operação como no de mau funcionamento, podem ser determinadas de acordo com as Seções 5.5.4.2, 5.5.4.3 ou 5.5.4.4.

5.5.4.2 Vibrações forçadas

Se informações sobre forças de desbalanceamento (nos estados de operação e de mau funcionamento) foram fornecidas pelo fabricante da máquina, elas podem ser usadas para determinar deslocamentos e forças, usando-se o modelo utilizado para determinar as frequências naturais, segundo os princípio apresentados a seguir.

Na ausência dessas informações, as forças podem ser calculadas com base em normas de qualidade de balanceamento, como se segue.

a) Estado de serviço

A qualidade de balanceamento deve ser adotada como um grau abaixo que o do grupo de máquinas relevante.

b) Mau funcionamento

As forças de desbalanceamento devem ser adotadas como sendo seis vezes o valor para o estado de serviço.

As forças de excitação devem ser analisadas para cada mancal, levando-se em conta a qualidade de balanceamento selecionada, a frequência de serviço e a massa rotatória. Como simplificação, já que as fases são desconhecidas, as forças nos mancais podem ser consideradas unidirecional e, depois, agir na direção oposta. Se as frequências naturais ficam entre 5% a mais ou a menos da frequência de serviço, a frequência de excitação pode ser deslocada para uma das duas frequências adjacentes, desde que dentro da faixa especificada e que a magnitude da excitação seja mantida constante.

5.5.4.3 Modos naturais de vibração

Se for possível dispensar o cálculo de deslocamentos, os esforços podem ser determinados com base nos modos naturais de vibração adjacentes à frequência de serviço, com intenção de simplificar a análise que seria requerida para vibrações forçadas.

5.5.4.4 Método da Carga Equivalente

No caso de fundações de geometria simples, a análise dinâmica pode ser simplificada, admitindo-se cargas estáticas equivalentes, baseadas no desbalanceamento durante o estado de mau funcionamento, ficando, assim, a favor da segurança.

Exemplo

Começando-se com a qualidade de balanceamento, $e\,\Omega$, igual a 2,5 mm/s para o grupo de máquinas relevante no estado de serviço, uma qualidade de balanceamento igual a 38 mm/s é considerada, sendo seis vezes a do próximo grau mais alto. A força de desbalanceamento, K (em Newton), é então uma função da força peso do rotor, L (em Newton), e da frequência, f_m (em Hertz), tal que

$$K = 38 \times 10^{-3} \times L \times 2\pi \times f_m/g,$$

onde $g = 10$ m/s^2.

A carga estática equivalente, F, é função da razão

$$x_{i,n} \left| \frac{f_n^2}{f_n^2 - f_m^2} \right| < 3,$$

onde f_n é a mais próxima frequência natural no plano considerado, de forma que

$$F = \frac{1}{\left| 1 - \eta^2 \right|} K,$$

com F no máximo igual a $15\,K$.

F deve ser considerada aplicada nos mancais de acordo com a massa rotativa.

5.5.5 Análise de vibrações transientes

5.5.5.1 Generalidades

Vibrações transientes, que podem afetar a qualidade de balanceamento do sistema, podem ocorrer quando a máquina é ligada ou desligada ou em certos outros estados transientes. Pode-se considerar que os efeitos determinados para mau funcionamento, de acordo com a Seção 5.5.4, também cubram as cargas que ocorrem em vibrações transientes, não sendo necessário analisá-las separadamente.

Em máquinas elétricas, entretanto, há certos estados de mau funcionamento raros (curto-circuito terminal, perda de sincronia) que podem resultar em cargas antissimétricas grandes no sistema, que são transmitidas às fundações pela carcaça da máquina. Um curto-circuito terminal em uma máquina elétrica, rodando a alta

100   Introdução à dinâmica das estruturas para a engenharia civil

velocidade, deve ser considerado como representativo de tais cargas. A análise dos efeitos resultantes é descrita na Seção 5.5.5.2.

5.5.5.2 Curto-circuito

O momento devido ao curto-circuito afeta as fundações via carcaça do motor ou gerador na forma de pares de forças verticais, cujo momento resultante é paralelo ao eixo do rotor. Os esforços e deslocamentos resultantes podem ser calculados como função do tempo ou usando-se o Método da Carga Equivalente.

Quando o fabricante da máquina não especificar o momento de curto-circuito, M_k, como função do tempo, a análise pode ser feita com base na seguinte equação para máquinas trifásicas:

$$M_k(t) = 10M_0\left(e^{-t/0,4}\operatorname{sen}\Omega_N t - \frac{1}{2}e^{-t/0,4}\operatorname{sen}2\Omega_N t\right) - M_0\left(1 - e^{-t/0,15}\right),$$

onde

M_0 é o torque nominal resultante da potência realmente gerada;
Ω_N é a frequência principal;
t é o tempo, em s.

Cargas de curto-circuito podem também ser determinadas de forma simplificada, pelo Método da Carga Equivalente, para o qual um valor 1,7 vezes o máximo momento de curto-circuito é admitido. Se esse valor não tiver sido fornecido pelo fabricante da máquina, o máximo valor de M_k pode ser assumido como 12 M_0.

5.5.6 Cargas na fundação e no solo

Os efeitos de cargas dinâmicas durante funcionamento normal e em decorrência de mau funcionamento devem ser considerados quando a fundação é projetada e para análise da pressão sobre o solo.

No caso de fundações por molas, o efeito isolador dos elementos de molas é usualmente tão grande que as cargas dinâmicas nas fundações tanto devidas à operação normal como ao mau funcionamento podem ser negligenciadas.

Fundações de máquinas rotativas

5.6 OUTROS CRITÉRIOS DE PROJETO

5.6.1 Combinações de carregamentos

Por superposição de valores máximos, obtidos das análises estática e dinâmica, as seguintes condições devem ser consideradas:

1. cargas estáticas durante a montagem;
2. cargas estáticas durante operação normal;
3. cargas dinâmicas durante operação normal;
4. cargas resultantes de mau funcionamento ou de curto-circuito.

Casos de carga M, B e S, a seguir, devem ser estabelecidos, de onde o carregamento relevante para projeto pode ser derivado:

M: condição de carga 1;
B: condições de carga 2 e 3;
S: condições de carga 2 e 4.

Note-se que a ação de cargas na vertical e horizontal não precisam ser tomadas simultaneamente.

5.6.2 Fundações de concreto armado

O projeto deve seguir as normas relevantes.

Casos de carga M e S:

As cargas devem ser consideradas predominantemente estáticas com resistência máxima do concreto adotada até 42 MPa.

Caso de carga B:

Cargas não predominantemente estáticas. Tensões de compressão no concreto não devem ultrapassar 1/3 de sua resistência.

Caso de carga S:

Quando as cargas devidas ao desbalanceamento devido a mau funcionamento são multiplicadas por um fator de pelo menos seis vezes as de operação normal, não é necessário analisar o caso de carga B.

102   Introdução à dinâmica das estruturas para a engenharia civil

5.6.3 Estruturas de aço

O projeto deve seguir as normas relevantes.

Quando as cargas devidas ao desbalanceamento decorrente de mau funcionamento são multiplicadas por um fator de pelo menos seis vezes as de operação normal, não é necessário analisar o caso de carga B.

5.6.4 Solo

O projeto deve seguir as normas relevantes.

5.7 DETALHAMENTO

5.7.1 Fundações de concreto armado

5.7.1.1 Fundação em mesa

Suporte da máquina (Bloco elevado)

O suporte da máquina não deve ser solidário ao resto do edifício dentro do qual a fundação for construída.

Todas as peças de concreto devem ter armação, mesmo que, pelo cálculo, esta não seja necessária.

O bloco deve ser concretado sem juntas construtivas, tomando-se cuidados como, por exemplo,

    a. usar retardadores de pega para poder lançar o concreto em camadas;
    b. prever quantidades adequadas de materiais e capacidade de transporte;
    c. usar formas adequadas;
    d. manter bem limpas as juntas entre pilares e bloco.

Se alguma base ou projeção tiver de ser concretada mais tarde, a superfície de contato deverá ser limpa e preparada para assegurar aderência adequada. Se tiver mais que 20 cm de espessura, deverá ter armação deixada na parte inferior.

Pilares

Os pilares não devem ser unidos ao resto do edifício dentro do qual a fundação será construída. Plataformas intermediárias devem ter seus próprios pilares distintos dos principais.

As seções transversais dos pilares devem ser projetadas de forma a que as tensões sejam mais ou menos iguais em todos eles, sob carregamento permanente. A

Fundações de máquinas rotativas

porcentagem de armação nos pilares deve ser, no mínimo, de 0,8%. As barras de armação longitudinal devem ser, no mínimo, de 10 mm de diâmetro.

Os pilares devem ser concretados sem juntas.

Base

A base deve ser separada por uma junta das outras partes do edifício em que a fundação deve ser construída. Sua espessura deve ser de cerca de um décimo de seu comprimento.

O peso próprio da base, incluindo as cargas de plataformas intermediárias, deve ser selecionado de forma a ser da mesma ordem que as cargas do suporte da máquina, descartando o peso de condensadores e pilares. Para prevenir recalques diferenciais, todas as cargas permanentes devem agir sobre o centro de gravidade da área da base.

A massa de armação por unidade de volume da base deve ser no mínimo 30 kg/m³, parte dos quais arranjados em forma espacial.

Quando lançando o concreto, juntas verticais devem ser evitadas.

5.7.1.2 Fundações por molas

Suporte da máquina

O item "Suporte da máquina (Bloco elevado)", da Seção 5.7.1.1, aplica-se aos suportes de máquinas por molas.

Devem ser colocadas placas de aço na face inferior do suporte, sobre os elementos de mola.

Elementos de mola

Elementos de mola consistem, geralmente, de certo número de molas individuais, com rigidez bem definida nas direções tanto vertical como horizontal.

O curso da mola deve ser maior que o calculado e, pelo menos, metade a mais que o deslocamento calculado para o peso próprio do sistema.

O elemento de mola deve ser passível de ser protendido para permitir sua remoção durante operação sem necessidade de levantar o suporte da máquina.

Amortecedores capazes de agir em todas as direções e se acomodar à expansão térmica podem ser montados em paralelo com os elementos de mola.

104 Introdução à dinâmica das estruturas para a engenharia civil

Estrutura de suporte

Independentemente do material utilizado para o suporte da máquina, a estrutura de suporte pode ser de concreto armado ou aço e pode ser parte do edifício no qual a fundação será construída.

Os elementos de mola podem ser pontuais, nos pilares, por exemplo, ou distribuídos. A região em que forem montados deve ter espaço para que novos elementos possam ser adicionados posteriormente.

5.7.1.3 Fundações em blocos

Aplicam-se as disposições do item "Suporte da máquina (Bloco elevado)", da Seção 5.7.1.1.

5.7.1.4 Plataformas

É muito difícil prever o comportamento dinâmico de fundações de máquinas em plataformas, em razão das interações com o edifício em que são instaladas. Devem ser usadas somente para pequenas máquinas. Em caso de dúvida, deve-se prever a possibilidade de se poder separar posteriormente a fundação da estrutura circundante, caso necessário.

5.7.2 Fundações de aço

5.7.2.1 Fundações em mesa

Suporte da máquina (mesa)

O suporte da máquina não deve ser solidário ao resto do edifício dentro do qual a fundação for construída.

Fundações de aço só devem ser feitas de partes completamente soldadas ou com parafusos de alta resistência, com dispositivos resistentes a escorregamento.

A rigidez relativa do suporte na direção longitudinal deve ser, pelo menos, o dobro da rigidez do rotor. A rigidez das vigas deve ser, pelo menos, um quinto do suporte da máquina na direção longitudinal. As vigas devem ser escolhidas de forma a ter frequências próprias bem acima da frequência de serviço da máquina, quando esta for menor que 75 Hz.

Pilares

Os pilares não devem ser unidos ao resto do edifício dentro do qual a fundação será construída. Plataformas intermediárias devem ter seus próprios pilares distintos dos principais.

Fundações de máquinas rotativas

Base

O item "Base", da Seção 5.7.1.1, se aplica às bases de fundações em aço.

5.7.2.2 Fundações por molas

Os itens "Suporte da máquina (mesa)", "Elementos de mola" e "Estrutura de suporte" aplicam-se aqui.

5.7.2.3 Fundações em plataforma

A Seção 5.7.1.4 se aplica às fundações em aço em plataformas.

5.7.2.4 Proteção contra corrosão

Para fundações de máquinas em aço, deve-se, em cada caso, avaliar a necessidade de proteção contra corrosão, levando-se em conta o ambiente em que serão construídas, em especial no caso de perfis com seção transversal fechada.

5.8 CRITÉRIOS DE AVALIAÇÃO DE RESPOSTA DINÂMICA

As seguintes Figuras 5.1 a 5.5, adaptadas da obra de Arya, O'Neill e Pincus (1979), fornecem critérios de avaliação da resposta dinâmica de fundações de máquinas.

A Figura 5.1 apresenta regiões de desempenho, em função de frequências de rotação contra amplitudes de vibração horizontal medidas no mancal da máquina.

A Figura 5.2 apresenta regiões de efeitos de vibrações sobre estruturas e pessoas, em função de frequências de rotação contra amplitudes de deslocamentos.

A Figura 5.3 apresenta regiões de efeitos de vibrações sobre estruturas e pessoas, em função de frequências de rotação contra deslocamentos, velocidades e acelerações.

A Figura 5.4 apresenta regiões de desempenho para máquinas de alta velocidade, em função de frequências de rotação contra amplitudes de deslocamentos.

A Figura 5.5 apresenta regiões de desempenho para turbinas, em função de frequências de rotação contra amplitudes de deslocamentos.

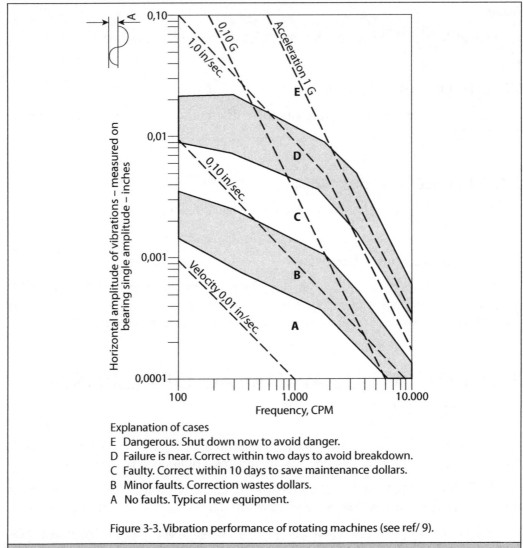

Explanation of cases
E Dangerous. Shut down now to avoid danger.
D Failure is near. Correct within two days to avoid breakdown.
C Faulty. Correct within 10 days to save maintenance dollars.
B Minor faults. Correction wastes dollars.
A No faults. Typical new equipment.

Figure 3-3. Vibration performance of rotating machines (see ref/ 9).

Figura 5.1 – Desempenho de vibração de máquinas rotativas. *Fonte: ARYA, S.; O'NEILL, M.; PINCUS, G. Design of structures and foundations for vibrating machines. Houston: Gulf Pub. Co., 1979.*

Fundações de máquinas rotativas

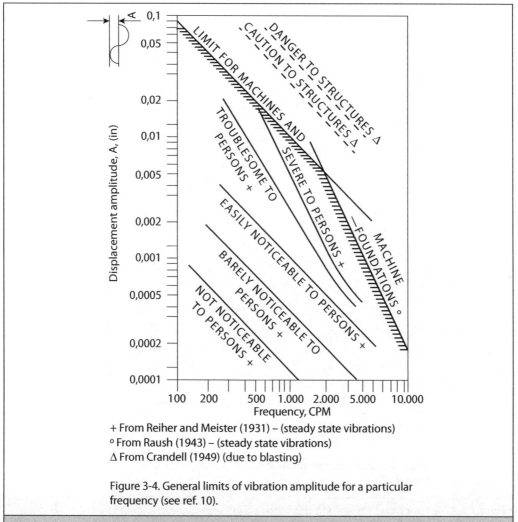

+ From Reiher and Meister (1931) – (steady state vibrations)
° From Raush (1943) – (steady state vibrations)
Δ From Crandell (1949) (due to blasting)

Figure 3-4. General limits of vibration amplitude for a particular frequency (see ref. 10).

Figura 5.2 – Limites gerais de amplitude de vibração para uma frequência particular. *Fonte: ARYA, S.; O'NEILL, M.; PINCUS, G. Design of structures and foundations for vibrating machines. Houston: Gulf Pub. Co., 1979.*

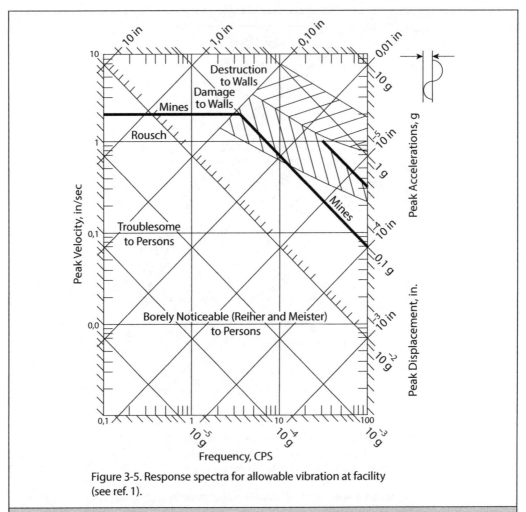

Figure 3-5. Response spectra for allowable vibration at facility (see ref. 1).

Figura 5.3 – Espectro de resposta para vibrações permissíveis em ambientes. *Fonte: ARYA, S.; O'NEILL, M.; PINCUS, G. Design of structures and foundations for vibrating machines. Houston: Gulf Pub. Co., 1979.*

Fundações de máquinas rotativas

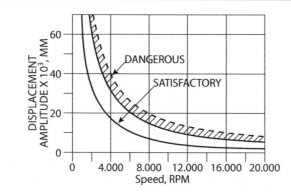

Figure 3-7. Turbomachinery bearing vibration limits (see ref. 11).

Figura 5.4 – Padrões de vibração para máquinas de alta velocidade. *Fonte: ARYA, S.; O'NEILL, M.; PINCUS, G. Design of structures and foundations for vibrating machines. Houston: Gulf Pub. Co., 1979.*

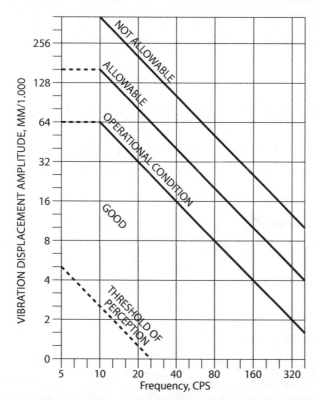

Figure 3-7. Turbomachinery bearing vibration limits (see ref. 12).

Figura 5.5 – Limites de vibrações em mancais de turbinas. *Fonte: ARYA, S.; O'NEILL, M.; PINCUS, G. Design of structures and foundations for vibrating machines. Houston: Gulf Pub. Co., 1979.*

110 Introdução à dinâmica das estruturas para a engenharia civil

Srinivasulu e Vaidyanathan (1976) fornecem uma tabela mais simples de valo-res-limites de amplitudes de vibrações para diversos tipos de máquinas, como apresentado a seguir.

Tabela 5.2	
Tipo de máquina	Amplitude permissível (cm)
Máquinas de baixa velocidade (até 500 rpm)	0,02 a 0,025
Fundações de martelos	0,1 a 0,12

Máquinas de alta velocidade:
até 3.000 rpm
  i. vibrações verticais
  ii. vibrações horizontais
de 3.000 rpm em diante
  i. vibrações verticais
  ii. vibrações horizontais
	
	0,002 a 0,003
	0,004 a 0,005
	
	0,004 a 0,006
	0,007 a 0,009

Fonte: SRINIVASULU; VAIDYANATHAN. Handbook of machine foundations. New Delhi: McGraw-Hill, 1976.

5.9 EXEMPLO DE DOIS GRAUS DE LIBERDADE

Usar um modelo de dois graus de liberdade para análise dinâmica de uma fundação em mesa elevada de uma máquina rotativa acionada por turbina a vapor.

5.9.1 Dados da máquina

Massa da carcaça   50 t
Massa do rotor $m_0 = 25$ t
Frequência de serviço   60 Hz

5.9.2 Dados da estrutura

Massa da mesa   75 t
Massa do bloco de fundação   150 t
Rigidez da estrutura $4,5 \times 10^5$ kN/m
Rigidez do solo $9,0 \times 10^5$ kN/m

Fundações de máquinas rotativas

5.9.3 Equação matricial do movimento

$$M\ddot{u} + C\dot{u} + Ku = p,$$

onde letras maiúsculas em negrito são matrizes (2×2) e letras minúsculas em negrito são vetores (2×1).

$$M = \begin{bmatrix} m_1 & 0 \\ 0 & m_2 \end{bmatrix} = \begin{bmatrix} 150 & 0 \\ 0 & 150 \end{bmatrix}$$

$$K = \begin{bmatrix} k_1 & -k1 \\ -k1 & k_1 + k_2 \end{bmatrix} = 10^5 \begin{bmatrix} 4,5 & -4,5 \\ -4,5 & 13,5 \end{bmatrix}$$

$$u = \begin{Bmatrix} u_1 \\ u_2 \end{Bmatrix}$$ são os deslocamentos verticais da mesa e do bloco de fundação, pela ordem.

$$p = \begin{Bmatrix} p_1 \\ 0 \end{Bmatrix},$$ onde p_1 é a força harmônica aplicada no nível da mesa, na forma:

$$p_1 = p_{10} \cos \Omega t, \qquad p_{10} = m_0 e \Omega^2 = 25 \times 2,5 \times 10^{-3}(2\pi 60) = 23,562 \text{ kN},$$

onde foi adotada a qualidade de balanceamento de turbina 2,5 mm/s, da norma ISO 1940/1.

5.9.4 Análise modal

Equação matricial de vibrações livres não amortecidas:

$$M\ddot{u} + Ku = 0$$

Solução:

$$u = \hat{u} \operatorname{sen}\omega t$$

Que, substituída na equação do movimento, leva a uma equação algébrica homogênea

$$\left[K - \omega^2 M\right]\hat{u} = 0,$$

que somente tem solução não trivial se

$$\det\left[K - \omega^2 M\right] = 0,$$

Introdução à dinâmica das estruturas para a engenharia civil

fazendo $\lambda = \omega^2$

$$\det \begin{bmatrix} k_1 - \lambda m_1 & -k_1 \\ -k_1 & k_1 + k_2 - \lambda m_2 \end{bmatrix} = 0,$$

leva à equação de segunda ordem

$$m_1 m_2 \lambda^2 - [k_1 m_2 + (k_1 + k_2)m_1]\lambda + k_1(k_1 + k_2) - k_1^2 = 0,$$

cuja solução, pela fórmula de Báskara, leva, para os valores numéricos do problema, a:

$$\lambda_1 = 1.757{,}36 \quad \therefore \omega_1 = 41{,}92\text{rad/s}, \quad f_1 = 6{,}67 \text{ Hz}$$
$$\lambda_2 = 10.242{,}64 \quad \therefore \omega_2 = 101{,}2\text{rad/s}, \quad f_1 = 16{,}1 \text{ Hz}$$

Para determinação dos modos, cada um desses autovalores deve ser substituído na equação algébrica homogênea e deve-se arbitrar uma das amplitudes de resposta, geralmente fazendo a primeira igual a 1. Encontra-se, assim, os dois modos de vibração desse sistema:

$$\mathbf{\Phi} = \begin{bmatrix} \boldsymbol{\phi}_1 & \boldsymbol{\phi}_2 \end{bmatrix} = \begin{bmatrix} \phi_{11} & \phi_{12} \\ \phi_{21} & \phi_{22} \end{bmatrix} = \begin{bmatrix} 1 & 1 \\ 0{,}4142 & -2{,}4142 \end{bmatrix}.$$

5.9.5 Determinação das propriedades modais

Para cada modo $r(= 1{,}2)$, determina-se a massa modal (um escalar) pela expressão abaixo, simplificada pelo fato de a matriz de massas ser diagonal neste caso.

$$M_r = \boldsymbol{\phi}_r^T \mathbf{M} \boldsymbol{\phi}_r = \sum_{i=1}^{2} m_i \phi_{ir}^2,$$

levando, no caso, a $M_1 = 175{,}734$ e $M_2 = 1.024{,}25$.

A rigidez modal sai da relação $M_r = M_r \omega_r^2$, levando, no caso, a $K_1 = 308.828$ e $K_2 = 10.491.024$.

A carga modal sai de

$$P_r = \boldsymbol{\phi}_r^T \mathbf{P} = \sum_{i=1}^{2} p_i \phi_{ir},$$

que, neste caso, em razão de o vetor de carga ter somente o temo p_1 e de os modos terem valor unitário na primeira coordenada, leva a

$$P_1 = P_2 = p_1,$$

Fundações de máquinas rotativas

que são funções harmônicas com amplitude, neste caso, igual a:

$$P_{10} = P_{20} = p_{10}.$$

5.9.6 Resposta modal

Cada modo age como se fosse um sistema de um grau de liberdade, com equação do movimento na forma:

$$\ddot{y}_r + 2\xi_r\omega_r\dot{y}_r + \omega_r^2 y_r = \frac{P_r}{M_r}$$

O resultado é conhecido, para carregamento harmônico, como é o caso. Tem-se, em regime permanente, uma vibração harmônica na frequência da excitação, cuja amplitude é a resposta estática multiplicada por um coeficiente de amplificação dinâmica.

5.9.7 Resposta de cada modo r $(r = 1,2)$:

$$y_r = y_{r0}\cos(\ t - \phi_r), \qquad y_{r0} = \frac{P_{r0}}{K_r}D_r,$$

onde

$$D_r = \frac{1}{\sqrt{(1 - \beta_r^2)^2 + (2\xi_r\beta_r)^2}}, \qquad \beta_r = \frac{\Omega}{\omega_r}.$$

Adotando-se taxa de amortecimento de 5% para cada um dos dois modos, tem-se:

$$\xi_1 = 0,05 \quad \beta_1 = \frac{60}{6,67} = 9 \quad D_1 = 0,0125 \quad y_{10} = \frac{P_{10}}{K_1}D_1 = 9,536 \times 10^{-7}\,m$$

$$\xi_2 = 0,05 \quad \beta_2 = \frac{60}{16,1} = 3,726 \quad D_2 = 0,07756 \quad y_{20} = \frac{P_{20}}{K_2}D_2 = 1,742 \times 10^{-7}\,m$$

5.9.8 Resposta da estrutura

Tendo-se estas respostas modais, obtém-se, por superposição (possível por causa do modelo linear), a resposta nas coordenadas físicas do problema, na forma:

$$\boldsymbol{u}(t) = \sum_{r=1}^{n}\boldsymbol{\phi}_r y_r(t) = \boldsymbol{\Phi y}(t).$$

Introdução à dinâmica das estruturas para a engenharia civil

Ignorando-se a parte variável no tempo, senoidal, na frequência do carregamento, tem-se a amplitude máxima da coordenada correspondente à mesa, que é de interesse, na forma:

$$u_{10} = y_{10}\phi_{11} + y_{20}\phi_{12} = 0,00000113 \text{ m} = 0,00113 = 1,13 \ \mu\text{m}.$$

Verifica-se, agora, se essa resposta atende aos padrões para amplitude de deslocamentos nessa frequência de serviço. A Figura 5.5, baseada na norma alemã VDI 2056, indica que está na região de bom desempenho, para a frequência de 60 Hz.

6. FUNDAÇÕES DE MÁQUINAS DE IMPACTO[1]

6.1 GENERALIDADES

Algumas máquinas geram esforços dinâmicos de grande intensidade e curta duração que podem ser descritos por pulsos intermitentes. A operação de prensas de corte, martelos de forja e estampagem, por exemplo, produz esforços de impacto de curta duração que são considerados como um único pulso, pois o efeito de um pulso desaparece antes que o próximo ocorra, em razão do amortecimento. Como as intensidades dos esforços envolvidos são grandes, eles podem causar vibrações intensas, danos à máquina e a sua fundação, além de perturbações sérias em estruturas e máquinas vizinhas. Os procedimentos usuais para a análise dinâmica de fundações de máquinas submetidas a impactos, embora bem fundamentados por ensaios realizados, apresentam algumas deficiências quanto à definição das propriedades do solo, particularmente em relação ao amortecimento.

Este capítulo se restringirá às fundações de martelo, sendo discutidos modelos matemáticos adequados para representar o comportamento dinâmico da fundação.

6.2 FUNDAÇÕES DE MARTELOS

Os martelos podem ser classificados em martelos de forja, estampagem, trituração e britagem. Os elementos básicos de martelos de forja são o martinete, o pórtico que o sustenta e a bigorna (Figura 6.1). Em razão da intensidade do impacto, os martelos são, em geral, montados sobre blocos de concreto armado, separados do piso da instalação e de outras fundações.

---

1 Parte do material abordado neste capítulo tem por base dissertação de mestrado do Prof. Edgard Sant'Anna de Almeida Neto, de 1989, disponível na Biblioteca Digital de Teses da USP.

Os esforços dinâmicos são gerados pelo impacto do martinete contra a bigorna. O martinete pode cair em queda livre ou ter sua velocidade aumentada com o uso de vapor ou ar comprimido. Somente uma parte da energia de impacto é dissipada mediante a deformação plástica do material e transformada em calor. A energia restante é transmitida para o bloco de fundação e o solo.

Para a análise dinâmica, é interessante separar os martelos nos quais o pórtico se apoia diretamente sobre a bigorna (Figura 6.1a) daqueles em que o pórtico e a bigorna têm apoios distintos no bloco de fundação (Figura 6.1b). A primeira configuração proporciona maior precisão ao impacto do martinete e é comum nos martelos de estampagem e corte. A segunda permite intensidades de impacto maiores, pois o pórtico se encontra isolado da bigorna, sendo a configuração normal dos martelos de forja.

Diversos arranjos de fundação são empregados em função do tamanho e da potência do martelo. Em muitos casos, o bloco de concreto é moldado diretamente no solo (Figura 6.2a), mas quando a capacidade de suporte é insuficiente ou são possíveis recalques exagerados, o bloco deve ser construído sobre estacas. Quando o fator limitante do projeto é a transmissão de vibrações para o solo, o bloco é montado sobre aparelhos de apoio de borracha ou molas, associados a amortecedores. É necessária uma vala inferior de concreto para proteger estes elementos (Figura 6.2b).

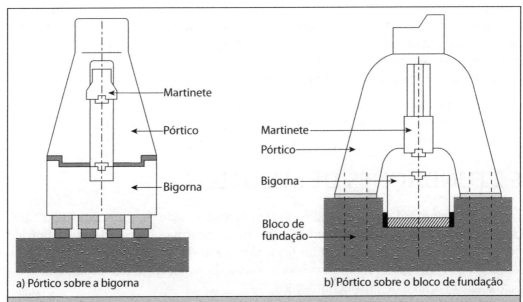

Figura 6.1 – Principais elementos de martelos de forja e condições normais de apoio dos pórticos. *Fonte: Almeida Neto (1989).*

Fundações de máquinas de impacto

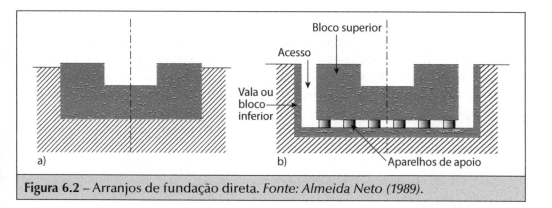

Figura 6.2 – Arranjos de fundação direta. *Fonte: Almeida Neto (1989).*

A bigorna pode apoiar-se diretamente sobre o bloco ou, com a finalidade de reduzir as tensões no concreto, sobre um coxim constituído de feltro industrial ou de madeira de alta resistência.

6.3 CRITÉRIOS DE DESEMPENHO

A maior parte dos critérios apresentados no capítulo 5 não se aplica às fundações de martelo. Consequentemente, novos limites admissíveis de amplitudes de deslocamento, recalques e tensões são estabelecidos de acordo com as características do martelo. Como regra geral, esses valores são especificados em normas ou pelo próprio fabricante. Na ausência de especificações, podem ser usados os valores recomendados na literatura e reproduzidos a seguir.

6.3.1 Amplitudes de deslocamento

De modo a não prejudicar a operação normal do martelo nem danificar estruturas vizinhas, é recomendada uma amplitude máxima de deslocamento de 1,2 mm para o bloco de fundação. Quanto à bigorna, como grandes amplitudes implicam menor eficiência do martelo, são estabelecidos valores-limites de acordo com a massa do martinete m_0.

Tabela 6.1
Amplitudes admissíveis da bigorna. *Fonte: Almeida Neto (1989).*

Massa do martinete (t)	A (mm)
≤ 1	1
$1 < m_0 \leq 3$	2
≥ 3	3 a 4

118   Introdução à dinâmica das estruturas para a engenharia civil

6.3.2 Recalques

No caso de solos que estão sujeitos a recalques provocados por vibrações, como areias saturadas, por exemplo, limites menores para as amplitudes de deslocamento deverão ser adotados. Na hipótese de esses limites não serem observados, a concepção estrutural deverá ser alterada com a introdução de estacas ou aparelhos de apoio. Na primeira solução, as cargas são transmitidas para camadas mais profundas do solo, enquanto, na última, o recalque é reduzido, diminuindo-se as forças transmitidas.

6.3.3 Tensões

As tensões dinâmicas podem provocar fadiga do material, efeito que pode ser considerado reduzindo-se as tensões estáticas admissíveis ou multiplicando-se as tensões dinâmicas por um fator de fadiga, normalmente um fator de fadiga $\mu = 3,0$ é recomendado para todas as partes do sistema.

6.4 PRÉ-DIMENSIONAMENTO

A geometria inicial da fundação é escolhida de modo que as amplitudes de deslocamento e as tensões calculadas não ultrapassem os valores admissíveis. Quando possível, o eixo principal vertical da bigorna deve coincidir com o eixo principal comum do bloco de fundação mais o martelo. A falta de alinhamento e choques excêntricos do martinete provocam rotações do bloco e recalques diferenciais.

Os valores iniciais da área da base e da massa do bloco de fundação são estimados considerando um sistema de um grau de liberdade e limitando os valores das tensões no solo e das amplitudes de deslocamento da fundação. Os valores estimados têm apenas caráter preliminar, possibilitando uma convergência mais rápida para a solução.

Analisando fundações de martelo em boas condições de uso, observa-se que a relação entre as massas da fundação e do martinete é de aproximadamente 40, variando fortemente com a intensidade do impacto e as características da peça forjada.

A Tabela 6.2 fornece as espessuras mínimas do bloco de fundação sob a bigorna recomendadas por Major, *apud* Almeida Neto (1989). Elas são consistentes com as recomendadas por Barkan, *apud* Almeida Neto (1989), e apresentadas na Tabela 6.3.

Finalmente, a espessura do coxim sob a bigorna é escolhida de modo que não sejam ultrapassadas as tensões admissíveis à compressão no coxim nem as amplitudes de deslocamento admissíveis para a bigorna.

Fundações de máquinas de impacto

Tabela 6.2
Espessuras mínimas do bloco, segundo Major, *apud* Almeida Neto (1989).

Massa do martinete (t)	Espessura (m)
≤ 1,0	1,00
2,0	1,25
4,0	1,75
≥ 6,0	2,25

Tabela 6.3
Espessuras mínimas do bloco, segundo Barkan, *apud* Almeida Neto (1989).

Massa do martinete (t)	Espessura (m)
≤ 0,75	0,75
$0,75 < m_0 \leq 2,5$	1,50
≥ 2,5	1,25 a 2,25

6.5 ANÁLISE DINÂMICA

O fenômeno do impacto do martinete contra a peça forjada sobre a bigorna é bastante complexo. Ele pode ser analisado considerando um sistema dinâmico constituído pelos seguintes elementos: martinete, bigorna, bloco de fundação, coxim e solo. Nesse sistema, o bloco e a bigorna são admitidos como corpos rígidos, pois suas deformações são desprezíveis quando compradas com as deformações do coxim e do solo. A sua análise dinâmica possibilita a avaliação das amplitudes de deslocamento da bigorna e da fundação, bem como dos esforços dinâmicos no coxim e no contato solo–fundação.

6.5.1 Representação das ações

Durante o impacto com a bigorna, parte da energia é gasta no processo, outra é restituída no ricochete do martinete e a energia restante é transferida à bigorna na forma de um pulso, definido como uma força transiente, $P(t)$, de curta duração, t_p, quando comparada ao período T da fundação. Conhecida a equação do pulso, que depende da peça forjada, do número de golpes recebidos e da própria fundação do martelo, é possível determinar a resposta dinâmica do sistema. É importante observar que raramente os esforços são especificados pelo fabricante e apenas a energia do impacto é conhecida.

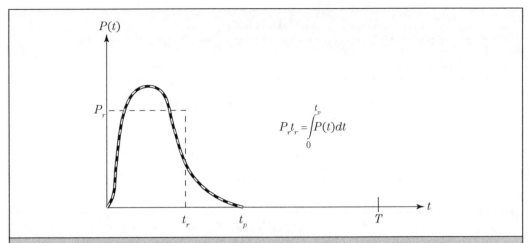

Figura 6.3 – Substituição do pulso original pelo pulso retangular. *Fonte: Almeida Neto (1989).*

Com a finalidade de avaliar o efeito da duração do impacto, será admitido um pulso retangular de mesmo impulso, de modo que

$$P_r t_r = \int_0^{t_p} P(t)\, dt,$$

onde P_r é a amplitude do pulso retangular e $t_r < t_p$ sua duração. Na Figura 6.4 são apresentadas as curvas de deslocamento de um sistema não amortecido, com um grau de liberdade, submetido a pulsos retangulares de mesmo impulso, mas de durações t_r diferentes.

As curvas indicam que o deslocamento máximo aumenta quanto menor for a duração do pulso, sendo quase igual à resposta do pulso infinitamente curto para t_r/T menor que 0,1. Mesmo para t_r/T igual a 0,25, o valor extremo está bem perto do máximo. Assim, para os martelos usuais apresentando pulsos com durações entre 0,01 s a 0,02 s, os resultados obtidos para o pulso infinitamente curto são satisfatórios para frequências naturais da fundação inferiores a 10 Hz. Para frequências superiores, os resultados são superestimados e, portanto, a resposta é conservadora.

Por outro lado, a resposta do sistema a um pulso infinitamente curto pode ser aproximada por um movimento de vibração livre provocado pela velocidade inicial da bigorna. Como o pulso é muito curto, admite-se que durante o impacto não haja tempo para que a fundação e a bigorna desenvolvam deslocamentos comparáveis aos experimentados após o impacto.

Dessa forma, as forças resistentes e de amortecimento ainda não foram mobilizadas e a velocidade inicial da bigorna é obtida pela análise cinemática do choque entre martinete e bigorna.

Fundações de máquinas de impacto

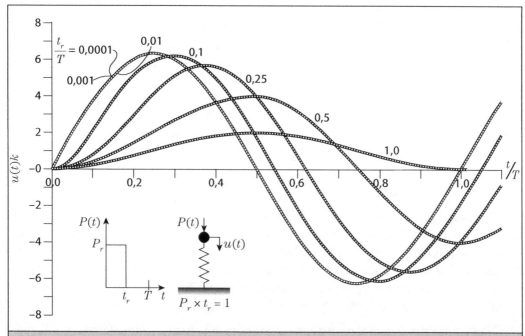

Figura 6.4 – Resposta de um sistema submetido a um pulso retangular de duração variável. *Fonte: Almeida Neto (1989).*

Impondo a conservação da quantidade de movimento durante o impacto, resulta

$$m_0 \dot{u}_{0a} = m_0 \dot{u}_{0d} + m\dot{u},$$

sendo:

m_0 = massa do martinete;
m = massa da bigorna;
$\dot{u}_{0a}, \dot{u}_{0d}$ = velocidade do martinete antes e depois do impacto;
$\dot{u}$ = velocidade incial da bigorna.

As incógnitas $\dot{u}_{0d}$ e $\dot{u}$ são determinadas introduzindo-se a hipótese de Newton de que a velocidade relativa entre dois corpos depois do impacto é proporcional à velocidade antes do impacto. A relação entre elas, denominada de **coeficiente de restituição**, depende da temperatura da peça forjada, de sua dimensão e forma, e dos materiais do martinete, da bigorna e da peça,

$$k_r = \frac{\dot{u} - \dot{u}_{0d}}{\dot{u}_{0a}}.$$

Das duas equações anteriores, tem-se

$$\dot{u} = \frac{(1 + k_r) m_0}{m + m_0} \dot{u}_{0a}.$$

122　　　　　　　　　　　　　Introdução à dinâmica das estruturas para a engenharia civil

O coeficiente de restituição pode variar de zero a um, desde choques perfeitamente plásticos até perfeitamente elásticos, e depende do estado da peça forjada. No início do processo, grande parte da energia é gasta na formação plástica do material e k_r é pequeno. Com a peça já deformada, k_r atinge os valores máximos adotados no projeto. Para os martelos usuais, os menores valores de k_r ocorrem para a forja de materiais não ferrosos, com os valores próximos de zero. Para materiais ferrosos e forja a quente, k_r é aproximadamente 0,25, aumentando com o esfriamento do material. Para a forja a frio de peças de aço, k_r é admitido igual a 0,5.

6.5.2 Modelo matemático

As fundações de martelo são geralmente representadas por meio de sistemas discretos massa–mola–amortecedor, cujo número de graus de liberdade depende do tipo de fundação e da excentricidade do impacto em relação ao eixo vertical da fundação. Entende-se por eixo vertical, a reta vertical que passa pelos centros de gravidade da bigorna e do conjunto martelo–bloco de fundação, como também pelos centroides das áreas de suas respectivas bases.

Na maioria das fundações, a bigorna se apoia sobre um coxim elástico e o impacto é centrado, resultando o modelo de dois graus de liberdade, comumente empregado para analisar fundações de martelo (Figura 6.5a). Quando o impacto é excêntrico são necessários seis graus de liberdade para cada massa considerada isoladamente no modelo. Se o movimento ocorrer em um dos planos principais, este número se reduz a três graus de liberdade por massa.

Quando o bloco de fundação assenta-se sobre aparelhos de apoio, é necessário acrescentar uma nova massa ao modelo, a fim de representar o bloco inferior de concreto em contato com o solo (Figura 6.5b).

6.5.3 Resposta de um sistema com dois graus de liberdade

A seguir, são apresentadas as expressões que fornecem os deslocamentos máximos para um sistema com dois graus de liberdade (Figura 6.5a), empregando o Método da Superposição Modal. Sendo:

m_1 = a massa sobre o coxim, com deslocamento $u_1(t)$;

m_2 = a massa do bloco de fundação, com deslocamento $u_2(t)$;

k_1 = o coeficiente de rigidez do coxim entre a bigorna e o bloco;

k_2 = o coeficiente de rigidez do solo de fundação;

c_1 = o coeficiente de amortecimento do coxim;

c_2 = o coeficiente de amortecimento do solo de fundação;

$\boldsymbol{u}$ = o vetor de deslocamentos, $\boldsymbol{u} = \{u_1, u_2\}^T$;

Fundações de máquinas de impacto

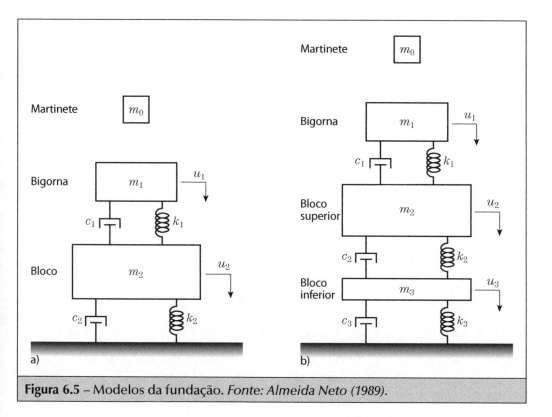

Figura 6.5 – Modelos da fundação. *Fonte: Almeida Neto (1989).*

$\dot{u}$ e $\ddot{u}$ = suas derivadas em relação ao tempo e

$$m = \begin{bmatrix} m_1 & 0 \\ 0 & m_2 \end{bmatrix}, \quad k = \begin{bmatrix} k_1 & -k_1 \\ -k_1 & k_1 + k_2 \end{bmatrix}, \quad c = \begin{bmatrix} c_1 & -c_1 \\ -c_1 & c_1 + c_2 \end{bmatrix}$$

as matrizes de massa, rigidez e amortecimento do sistema, respectivamente.

A equação do movimento assume a forma matricial

$$m\ddot{u} + c\dot{u} + ku = 0$$

Movimento não amortecido – A solução é expressa como a soma de duas soluções particulares independentes

$$\begin{Bmatrix} u_1(t) \\ u_2(t) \end{Bmatrix} = \begin{Bmatrix} u_{11} \\ u_{21} \end{Bmatrix} \operatorname{sen} \omega_1 t + \begin{Bmatrix} u_{12} \\ u_{22} \end{Bmatrix} \operatorname{sen} \omega_2 t.$$

Para distinguir as componentes de deslocamento, foi introduzida a notação u_{ij} de dois índices: o primeiro, identificando o grau de liberdade, e segundo, a frequência e o modo de vibração. As frequências angulares são dadas por

$$\omega_{1,2}^2 = \frac{1}{2}\left(\frac{k_{11}}{m_1} \frac{k_{12}}{m_2}\right) \pm \sqrt{\frac{1}{4}\left(\frac{k_{11}}{m_1} \frac{k_{22}}{m_2}\right)^2 + \frac{k_{12}^2}{m_1 m_2}},$$

onde k_{ij} representa os elementos da matriz **k**. Os modos de vibração são caracterizados pelas relações

$$a_j = \frac{u_{1j}}{u_{2j}} = \frac{-k_{12}}{k_{11} - m_1 \omega_j^2} = \frac{k_{22} - m_2 \omega_j^2}{-k_{21}} \qquad \text{para } j = 1, 2$$

A Figura 6.6 ilustra os modos de vibração. No modo 1, as massas vibram em fase, enquanto no modo 2, elas vibram em oposição de fase.

As amplitudes u_{ij} do movimento são calculadas a partir das condições iniciais do sistema

$$u_1(0) = 0, \quad u_2(0) = 0$$
$$\dot{u}_1(0) = \dot{u}, \quad \dot{u}_2(0) = 0$$

com $\dot{u}$ obtida por meio da fórmula básica para o choque centrado entre dois corpos. Do tratamento das equações anteriores, resultam

$$u_{11} = \frac{\dot{u}\omega_2^2 - \omega_a^2}{\omega_1 \omega_2^2 - \omega_1^2}, \quad u_{12} = \frac{\dot{u}\omega_a^2 - \omega_1^2}{\omega_2 \omega_2^2 - \omega_1^2},$$

$$u_{21} = u_{11}\left(1 - \frac{\omega_1^2}{\omega_a^2}\right), \quad u_{12} = u_{21}\frac{\omega_1}{\omega_a^2},$$

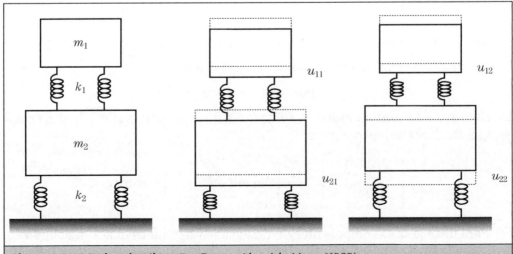

Figura 6.6 – Modos de vibração. *Fonte: Almeida Neto (1989)*

Fundações de máquinas de impacto

onde $\dot{u}_a = \sqrt{k_1/m_1}$. No caso de ω_2 ser muito maior que ω_1, os deslocamentos máximos da bigorna e da fundação são, aproximadamente,

$$\hat{u}_1 = |u_{11} + u_{12}|, \qquad \hat{u}_2 = |u_{21}| + u_{22}.$$

6.6 EXEMPLO DE DOIS GRAUS DE LIBERDADE

Usar um modelo de dois graus de liberdade para análise dinâmica de uma fundação de uma máquina de impacto.

6.6.1 Dados do sistema

Massa do martinete   3,5 t
Velocidade do impacto   6 m/s
Coeficiente de restituição   0,5
Massa da bigorna   60 t
Massa do martinete + Massa da bigorna $\Rightarrow m_1 = 63,5$ t
Massa do pórtico   60 t
Massa do bloco de fundação   160 t
Massa do pórtico + Massa do bloco de fundação $\Rightarrow m_2 = 220$ t
Rigidez do coxim sob a bigorna $k_1 = 1 \times 10^7$ kN/m
Rigidez do solo $k_2 = 8,0 \times 10^5$ kN/m

6.6.2 Equação matricial do movimento

$$M\ddot{u} + C\dot{u} + Ku = 0$$

onde letras maiúsculas em negrito são matrizes (2×2) e letras minúsculas em negrito são vetores (2×1).

$$M = \begin{bmatrix} m_1 & 0 \\ 0 & m_2 \end{bmatrix} = \begin{bmatrix} 63,5 & 0 \\ 0 & 220 \end{bmatrix}$$

$$K = \begin{bmatrix} k_1 & -k_1 \\ -k_1 & k_1 + k_2 \end{bmatrix} = 10^5 \begin{bmatrix} 100 & -100 \\ -100 & 108 \end{bmatrix}$$

$$u = \begin{Bmatrix} u_1 \\ u_2 \end{Bmatrix},$$ são os deslocamentos verticais da bigorna e do bloco de fundação, pela ordem.

126   Introdução à dinâmica das estruturas para a engenharia civil

A carga de impacto gera uma resposta que é uma vibração livre amortecida, dependendo da velocidade inicial posterior ao momento do impacto.

Consideram-se os deslocamentos iniciais nulos e que a velocidade inicial é velocidade após o impacto do martinete com a bigorna. Assim, a velocidade inicial da massa m_1, será:

$$\dot{u}_{10} = \frac{(1 + k_r)m_0}{m_1}\, \dot{u}_0 = 0,496 \text{ m/s}.$$

Formalmente, têm-se os vetores de deslocamentos e velocidades iniciais:

$$\boldsymbol{u_0} = \left\{ \begin{array}{c} 0 \\ 0 \end{array} \right\}, \qquad \boldsymbol{\dot{u}_0} = \left\{ \begin{array}{c} 0,496 \\ 0 \end{array} \right\}.$$

6.6.3 Análise modal

Equação matricial de vibrações livres não amortecidas:

$$\boldsymbol{M\ddot{u}} + \boldsymbol{Ku} = 0.$$

Solução:

$$\boldsymbol{u} = \boldsymbol{\hat{u}}\, \text{sen}\omega t$$

que substituída na equação do movimento leva a uma equação algébrica homogênea

$$\left[\boldsymbol{K} - \omega^2 \boldsymbol{M} \right]\boldsymbol{\hat{u}} = \boldsymbol{0}$$

a qual só tem solução não trivial se

$$\det\left[\boldsymbol{K} - \omega^2 \boldsymbol{M} \right] = 0,$$

fazendo $\lambda = \omega^2$

$$\det\left[\begin{array}{cc} k_1 - \lambda m_1 & -k_1 \\ -k_1 & k_1 + k_2 - \lambda m_2 \end{array} \right] = 0,$$

leva à equação de segundo grau

$$m_1 m_2 \lambda^2 - [k_1 m_2 + (k_1 + k_2)m_1]\lambda + k_1(k_1 + k_2) - k_1^2 = 0,$$

cuja solução, pela fórmula de Báskara, leva, para os valores numéricos do problema a:

$$\lambda_1 = 2.810,43 \qquad \therefore \omega_1 = 53 \text{rad/s}, \qquad f_1 = 8,44 \text{ Hz}, \qquad T_1 = 0,1185 \text{ s}$$

$$\lambda_2 = 2023.760,8 \qquad \therefore \omega_2 = 451,4 \text{rad/s}, \qquad f_1 = 71,84 \text{ Hz}, \qquad T_1 = 0,014 \text{ s}.$$

Fundações de máquinas de impacto

Para determinação dos modos, cada um desses autovalores deve ser substituído na equação algébrica homogênea e deve-se arbitrar uma das amplitudes de resposta, geralmente fazendo a primeira igual a 1. Encontram-se, assim, os dois modos de vibração desse sistema. No nosso caso, a seguinte fórmula resulta para achar a segunda ordenada de cada modo r ($r = 1,2$):

$$\phi_{2r} = \frac{k_1 - \lambda_r m_1}{k_1},$$

resultando

$$\Phi = [\varphi_1 \varphi_2] = \begin{bmatrix} \phi_{11} & \phi_{12} \\ \phi_{21} & \phi_{22} \end{bmatrix} = \begin{bmatrix} 1 & 1 \\ 0,9822 & -0,2939 \end{bmatrix}.$$

6.6.4 Determinação das propriedades modais

Para cada modo r (= 1,2), determina-se a **massa modal** (um escalar) pela expressão a seguir, simplificada pelo fato da matriz de massas ser diagonal neste caso.

$$M_r = \phi_r^T \mathbf{M} \phi_r = \sum_{i=1}^{2} m_i \phi_{ir}^2$$

levando, no caso, a $M_1 = 275,74$ e $M_2 = 82,5$.

A **rigidez modal** sai da relação

$K_r = M_r \omega_r^2$, levando, no caso, a $K_1 = 774.947,97$ e $K_2 = 16.810.874,47$.

6.6.5 Resposta modal

Cada modo age como se fosse um sistema de 1 grau de liberdade, com equação do movimento na forma:

$$\ddot{y}_r + 2\xi_r \omega_r \dot{y}_r + \omega_r^2 y_r = 0.$$

O resultado é conhecido, para vibrações livres amortecidas, como é o caso.

A solução da EDO de cada modo r ($r = 1,2$) é:

$$y_r(t) = e^{-\xi \omega_r t} \rho_r \cos(\omega_{rD} t + \theta_r),$$

com frequência amortecida de vibração

$$\omega_{rD} = \omega_r \sqrt{1 - \xi_r^2},$$

amplitude

$$\rho_r = \sqrt{y_{r0}^2 + \left(\frac{\dot{y}_{\theta} + \xi_r \omega_r y_{r0}}{\omega_{rD}}\right)^2},$$

e ângulo de fase

$$\theta_r = -\tan^{-1}\left[\left(\frac{\dot{y}_{r0} + \xi_r \omega_r y_{r0}}{\omega_{rD} y_{r0}}\right)\right].$$

Nota-se que o movimento harmônico resultante diminui rapidamente de amplitude, em razão da exponencial negativa que multiplica ρ, e que sua frequência é ligeiramente diminuída pelo amortecimento, ou seja, o correspondente período é ligeiramente aumentado.

Se, como neste caso, as condições iniciais do sistema não forem nulas, isto é, tem-se um vetor de deslocamentos iniciais $\boldsymbol{u}_0$ e/ou de velocidades iniciais $\dot{\boldsymbol{u}}_0$, é necessário transformar esses vetores nos deslocamentos e velocidades iniciais modais:

$$y_{r0} = \frac{\varphi_r^T \boldsymbol{M} \boldsymbol{u}_0}{M_r} = 0$$

$$\dot{y}_{r0} = \frac{\varphi_r^T \boldsymbol{M} \dot{\boldsymbol{u}}_0}{M_r}, \qquad \dot{y}_{10} = 0{,}1142 \qquad \dot{y}_{20} = 0{,}3818.$$

Adotando-se taxa de amortecimento de 5% para cada um dos dois modos, tem-se:

$$\xi_1 = 0{,}05 \qquad \rho_1 = 2{,}157 x 10^{-3} \qquad \omega_{1D} = 52{,}933 \qquad \theta_1 = -\frac{\pi}{2}$$

$$\xi_2 = 0{,}05 \qquad \rho_2 = 8{,}47 x 10^{-4} \qquad \omega_{2D} = 450{,}83 \qquad \theta_2 = -\frac{\pi}{2}.$$

6.6.6 Resposta da estrutura

Tendo-se estas respostas modais, obtém-se, por superposição (possível devido ao modelo linear), a resposta nas coordenadas físicas do problema, na forma:

$$\boldsymbol{u}(t) = \sum_{r=1}^{n} \phi_r y_r(t) = \boldsymbol{\Phi}\boldsymbol{y}(t).$$

Neste caso:

$$u_1 = \phi_{11} e^{-\xi_1 \omega_1 t} \rho_1 \cos(\omega_{1D} t + \theta_1) + \phi_{12} e^{-\xi_2 \omega_2 t} \rho_2 \cos(\omega_{2D} t + \omega_2)$$

$$u_2 = \phi_{21} e^{-\xi_1 \omega_1 t} \rho_1 \cos(\omega_{1D} t + \theta_1) + \phi_{22} e^{-\xi_2 \omega_2 t} \rho_2 \cos(\omega_{2D} t + \omega_2).$$

Estas respostas estão plotadas, a seguir, usando o programa Excel da Microsoft.

Fundações de máquinas de impacto

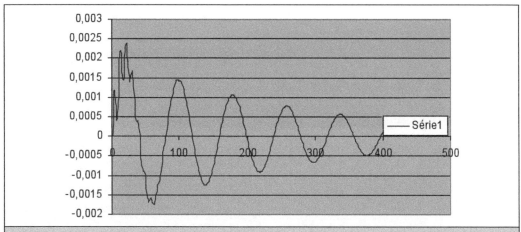

Figura 6.7 – Variação no tempo da ordenada u_1, em metros, para 400 passos de 0,0015 s.

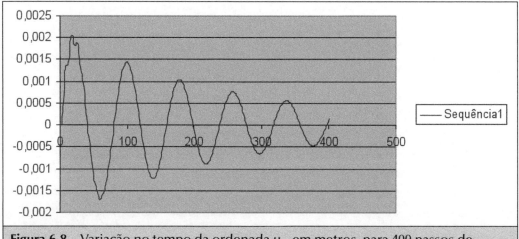

Figura 6.8 – Variação no tempo da ordenada u_2, em metros, para 400 passos de 0,0015 s.

Verifica-se, agora, se essa resposta atende aos padrões para amplitude de deslocamentos.

Para um martinete de peso de 3,5 tf, como é o caso, são aceitáveis deslocamentos máximos entre 3 e 4 mm, conforme literatura especializada. Temos aqui da ordem de 2,5 mm, portanto está dentro da tolerância da máquina.

7. O EFEITO DINÂMICO DO VENTO SOBRE ESTRUTURAS

7.1 INTRODUÇÃO

O vento nada mais é que o movimento de massas de ar em decorrência das variações de aquecimento delas pelo sol. Certas regiões são mais aquecidas e o ar sobe, sendo substituído por outras massas de ar mais frio que para lá se dirigem a certas velocidades. Como essas massas de ar em movimento sofrem atrito com a superfície da terra, as velocidades também variam com a altura, crescendo até atingirem altitudes em que são mais ou menos constantes.

Quando uma estrutura é colocada no caminho do fluxo de um fluido, muitos fenômenos complexos acontecem. Forças aerodinâmicas de magnitude e direções variáveis atuam sobre a estrutura. Tais fenômenos são considerados os mais complicados problemas de dinâmica dos fluidos ainda em aberto para pesquisa e são usados, em geral, modelos bastante primitivos para análise de seus efeitos.

Quando uma massa é colocada em movimento linear ou em rotação, ela adquire Energia Cinética. Pode-se lembrar, da Física elementar, que a Energia Cinética é a metade do produto da massa pela sua velocidade ao quadrado.

O vento, portanto, também possui energia cinética em decorrência da massa de ar que foi posta em movimento. Se um corpo ou estrutura é colocado em seu caminho, parte de sua energia cinética é transformada em pressão sobre a superfície da estrutura. A intensidade da pressão em um ponto dessa superfície é função da *forma* do obstáculo, do *ângulo* de incidência do vento e da *velocidade* do vento.

De uma forma bastante óbvia, a pressão, como a energia cinética, varia com o quadrado da velocidade do vento. Este é o primeiro conceito importante: a pressão *não* é proporcional à velocidade do vento. Ela cresce muito mais rapidamente que ela.

O segundo conceito é que a massa em movimento pode ser desviada pela estrutura de formas diferentes, conforme o ângulo com que ela atinge a estrutura, resultando em intensidade de pressões diferentes (como no caso sempre comum de coberturas inclinadas). De qualquer forma, a pressão do vento é sempre perpendicular à superfície em que atua.

E, principalmente, a forma da estrutura, sua rugosidade, a presença de outros corpos na imediação e muitos outros fatores afetam a pressão.

Assim, a pressão devida ao vento pode ser estimada por um coeficiente de pressão vezes a metade da massa específica do ar e a velocidade do vento ao quadrado.

$$p = \frac{1}{2}\rho c_p V^2,$$

onde c_p é o coeficiente de pressão (adimensional), que leva em conta a forma, o ângulo de incidência do vento e outros fatores, ρ é a massa específica do ar (kg/m^3) e V a velocidade do vento (m/s). É instrutivo fazer uma análise dimensional dessa fórmula e verificar que seus dois membros são dimensionalmente coerentes.

No estado presente de conhecimento da ciência e da tecnologia, modelos teóricos são inadequados para determinar esse coeficiente de pressão, a não ser para as mais elementares formas simétricas. Tão complexas e assimétricas são as formas das construções, e suas orientações com respeito às variáveis direções do vento, que soluções matemáticas para a distribuição das pressões sobre elas estão ainda completamente fora de questão. Com o progresso da Mecânica dos Fluidos Computacional (CFD) é de se esperar uma rápida mudança nesse panorama.

Com vistas a essas dificuldades, temos de nos valer de meios experimentais como ensaios em túnel de vento para determinar os coeficientes de pressão.

Felizmente, para os tipos mais usuais de construções, esses coeficientes já foram determinados e estão disponíveis nas normas. No Brasil, a NBR 6123:1988.

7.2 CARGAS ESTÁTICAS EQUIVALENTES DA NORMA BRASILEIRA

A norma NBR 6123:1988 fornece diretrizes para se determinar forças estáticas equivalentes devidas ao vento em edificações dentro de um contexto mais geral. Pretende-se, neste capítulo, discriminar os principais pontos dados pela norma brasileira. Não se pretende esgotar o assunto dado à sua complexidade, mas fornecer subsídios para trabalhos futuros na área.

Esta seção traz um procedimento de projeto para o cálculo das forças estáticas equivalentes do vento e seus efeitos em estruturas. A seção é separada em duas partes: a primeira refere-se aos parâmetros meteorológicos como a velocidade do vento, rugosidade do terreno e topografia; a segunda refere-se à determinação dos coeficientes de pressão.

Para isso, seguem-se as recomendações da norma NBR 6123:1988. Não é objetivo estudar o mérito dos coeficientes da norma a serem usados no procedimento de cálculo, admitindo-se sua valia.

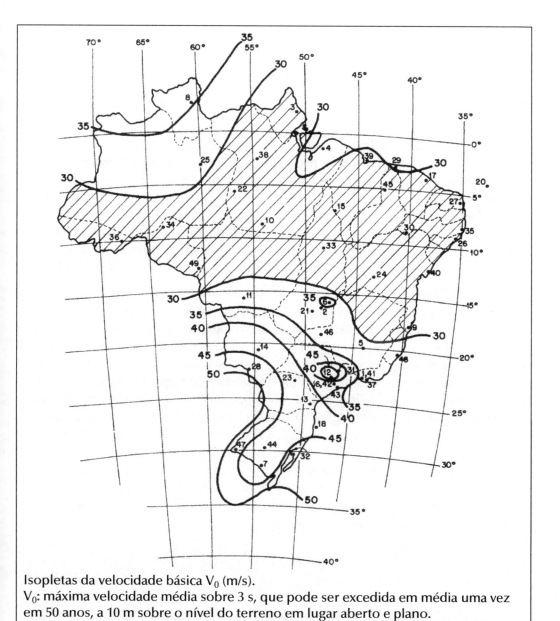

Isopletas da velocidade básica V_0 (m/s).
V_0: máxima velocidade média sobre 3 s, que pode ser excedida em média uma vez em 50 anos, a 10 m sobre o nível do terreno em lugar aberto e plano.

Figura 7.1 – Reprodução da Figura 1 da NBR 6123/1988, com sua respectiva legenda.

7.2.1 Fatores que afetam a velocidade característica

Os fatores meteorológicos são determinados a partir da norma NBR6123:1988. Nesse assunto, muito há ainda por fazer para aprimorar os dados existentes, como uma atualização das medidas da velocidade básica do vento no território nacional. Ela é definida como a velocidade de uma rajada de três segundos, excedida em média uma vez em 50 anos, a 10 metros acima do solo em campo aberto e plano. As isopletas de velocidade básica, Figura 7.1, retirada da NBR6123:1988, permitem sua determinação.

A velocidade característica é determinada por:

$$V_k = V_0 S_1 S_2 S_3,$$

onde S_1 é o fator topográfico; S_2 depende da rugosidade do terreno, dimensões da edificação e altura sobre o terreno; e S_3 é o fator estatístico.

O fator topográfico S_1 leva em consideração o aumento da velocidade do vento na presença de morros e taludes, mas não considera a diminuição da turbulência com o aumento da velocidade do vento. A turbulência é importante para a determinação da resposta dinâmica de estruturas esbeltas. São necessários novos estudos experimentais e numéricos para determinar essa diminuição da intensidade de turbulência causada pela presença de aclives. Este coeficiente vale 1,0 para terreno plano ou fracamente acidentado, 0,9 para vales profundos, protegidos pelo vento, e sofre uma variação para construções à beira de taludes e morros, segundo Figura 2 da norma NBR 6123:1988.

O fator S_2 leva em consideração o perfil de velocidade do vento na atmosfera conforme a altura da construção, suas dimensões e tipo de terreno. A norma brasileira separa rugosidade do terreno em quatro categorias: categoria I, superfícies lisas de grandes dimensões; categoria II, terrenos abertos com poucos obstáculos; categoria III, terrenos planos ou ondulados com obstáculos, tais como sebes e muros; categoria IV, terrenos cobertos por obstáculos numerosos e pouco espaçados; e categoria V, terrenos cobertos por obstáculos numerosos, grandes, altos e pouco espaçados. O fator S_2 também considera a duração da rajada para que o vento englobe toda a estrutura. Nesse caso, a norma brasileira fornece três tipos de edificações: classe A – edificações menores que 20 metros, ou unidades de vedação (duração da rajada de três segundos); classe B – edificações entre 20 e 50 metros (duração da rajada de cinco segundos); e classe C – Dimensões da edificação maiores que 50 metros (rajadas de dez segundos). A variação da pressão do vento ao longo da altura se deve à variação do fator S_2, obtida pela expressão

$$S_2 = b \cdot F_r \cdot \left(\frac{z}{10}\right)^p,$$

onde:

b, p: parâmetros meteorológicos obtidos na Tabela 21 do Anexo A, NBR 6123:1988;

O efeito dinâmico do vento sobre estruturas 135

F_r: fator de rajada referente à Categoria II de terreno, Tabela 21, Anexo A, NBR 6123:1988.

Tabela 7.1											
Reprodução da Tabela 21 da NBR 6123/1988											
Tabela 21 – Parâmetros b, p, F_r											
Cat.	t(s)	3	5	10	15	20	30	45	60	120	300	600	3600
I	b	1,10	1,11	1,12	1,13	1,14	1,15	1,16	1,17	1,19	1,21	1,23	1,25
	p	0,06	0,065	0,07	0,075	0,075	0,08	0,085	0,085	0,09	0,095	0,095	0,10
II	b	1,00	1,00	1,00	1,00	1,00	1,00	1,00	1,00	1,00	1,00	1,00	1,00
	p	0,085	0,09	0,10	0,105	0,11	0,115	0,12	0,125	0,135	0,145	0,15	0,16
	F_r	1,00	0,98	0,95	0,93	0,90	0,87	0,84	0,82	0,77	0,72	0,69	0,65
III	b	0,94	0,94	0,93	0,92	0,92	0,91	0,90	0,90	0,89	0,87	0,86	0,85
	p	0,10	0,105	0,115	0,125	0,13	0,14	0,145	0,15	0,16	0,175	0,185	0,20
IV	b	0,86	0,85	0,84	0,83	0,83	0,82	0,80	0,79	0,76	0,73	0,71	0,68
	p	0,12	0,125	0,135	0,145	0,15	0,16	0,17	0,175	0,195	0,215	0,23	0,25
V	b	0,74	0,73	0,71	0,70	0,69	0,67	0,64	0,62	0,58	0,53	0,50	0,44
	p	0,15	0,16	0,175	0,185	0,19	0,205	0,22	0,23	0,255	0,285	0,31	0,35

A Tabela 21, da norma brasileira reproduzida na Tabela 7.1, fornece esses valores, para velocidade média medida em três segundos. A Tabela 22, Anexo A, é mais completa, considerando várias durações de rajadas.

Nota-se na Tabela 2, reproduzida na Tabela 7.2, que S_2 é considerado constante para z entre 0 e 5,0 m, nas Categorias I a IV, e entre 0 a 10,0 m, na Categoria V. Nas quatro primeiras porque a turbulência causada pela rugosidade do terreno e as trocas térmicas em certos tipos de ventos violentos fazem com que a velocidade do vento seja aumentada junto ao terreno. Na Categoria V, a estas causas deve ser adicionada a deflexão do vento para baixo, causada por obstáculos de grande altura, originando altas velocidades médias, na superfície próxima ao terreno.

Tabela 7.2
Reprodução da Tabela 2 da NBR 6123/1988 – Fator S_2

Z (m)	Categoria														
	I Classe			II Classe			III Classe			IV Classe			V Classe		
	A	B	C	A	B	C	A	B	C	A	B	C	A	B	C
≤ 5	1,06	1,04	1,01	0,94	0,92	0,89	0,88	0,86	0,82	0,79	0,76	0,73	0,74	0,72	0,67
10	1,10	1,09	1,06	1,00	0,98	0,95	0,94	0,92	0,88	0,86	0,83	0,80	0,74	0,72	0,67
15	1,13	1,12	1,09	1,04	1,02	0,99	0,98	0,96	0,93	0,90	0,88	0,84	0,79	0,76	0,72
20	1,15	1,14	1,12	1,06	1,04	1,02	1,01	0,99	0,96	0,93	0,91	0,88	0,82	0,80	0,76
30	1,17	1,17	1,15	1,10	1,08	1,06	10,5	1,03	1,00	0,98	0,96	0,93	0,87	0,85	0,82
40	1,20	1,19	1,17	1,13	1,11	1,09	10,8	1,06	1,04	1,01	0,99	0,96	0,91	0,89	0,86
50	1,21	1,21	1,19	1,15	1,13	1,12	1,10	1,09	1,06	10,4	1,02	0,99	0,94	0,93	0,89
60	1,22	1,22	1,21	1,16	1,15	1,14	1,12	1,11	1,09	10,7	1,04	1,02	0,97	0,95	0,92
80	1,25	1,24	1,23	1,19	1,18	1,17	1,16	1,14	1,12	1,10	1,08	1,06	1,01	1,00	0,97
100	1,26	1,26	1,25	1,22	1,21	1,20	1,18	1,17	1,15	1,13	1,11	1,09	1,05	1,03	1,01
120	1,28	1,28	1,27	1,24	1,23	1,22	1,20	1,20	1,18	1,16	1,14	1,12	1,07	1,06	1,04
140	1,29	1,29	1,28	1,25	1,24	1,24	1,22	1,22	1,20	1,18	1,16	1,14	1,10	1,09	1,07
160	1,30	1,30	1,29	1,27	1,26	1,25	1,24	1,23	1,22	1,20	1,18	1,16	1,12	1,11	1,10
180	1,31	1,31	1,31	1,28	1,27	1,27	1,26	1,25	1,23	1,22	1,20	1,18	1,14	1,14	1,12
200	1,32	1,32	1,32	1,29	1,28	1,28	1,27	1,26	1,25	1,23	1,21	1,20	1,16	1,16	1,14
250	1,34	1,34	1,33	1,31	1,31	1,31	1,30	1,29	1,28	1,27	1,25	1,23	1,20	1,20	1,18
300	-	-	-	1,34	1,33	1,33	1,32	1,32	1,31	1,29	1,27	1,26	1,23	1,23	1,22
350	-	-	-	-	-	-	1,34	1,34	1,33	1,32	1,30	1,29	1,26	1,26	1,26
400	-	-	-	-	-	-	-	-	-	1,34	1,32	1,32	1,29	1,29	1,29
420	-	-	-	-	-	-	-	-	-	1,35	1,35	1,33	1,30	1,30	1,30
450	-	-	-	-	-	-	-	-	-	-	-	-	1,32	1,32	1,32
500	-	-	-	-	-	-	-	-	-	-	-	-	1,34	1,34	1,34

S_3 é o fator estatístico que considera o grau de segurança requerido e a vida útil da edificação. A Tabela 3 da norma brasileira, reproduzida na Tabela 7.3, apresenta os valores para diversas situações.

Dispondo da velocidade característica, a pressão dinâmica é calculada, a partir da energia cinética, pela expressão:

$$q = 0,613\ V_k^2$$

em unidades do SI, isto é, q em N/m^2 e V_k em m/s.

A seguir, calcula-se a força devida ao vento multiplicando essa pressão pela área em que atua e por um coeficiente de pressão (ou força, ou arrasto) adequado:

$$F = c_p q A.$$

Tabela 7.3		
Reprodução da Tabela 3 da NBR 6123/1988 – Fator estatístico S_3		
Grupo	Descrição	S_3
1	Edificações cuja ruína total ou parcial pode afetar a segurança ou possibilidade de socorro a pessoas após uma tempestade destrutiva (hospitais, quartéis de bombeiros e de forças de segurança, centrais de comunicação etc.).	1,10
2	Edificações para hotéis e residências. Edificações para comércio e indústria com alto fator de ocupação.	1,00
3	Edificações e instalações industriais com baixo fator de ocupação (depósitos, silos, construções rurais etc.).	0,95
4	Vedações (telhas, vidros, painéis de vedação etc.).	0,88
5	Edificações temporárias. Estruturas dos Grupos 1 a 3 durante a construção.	0,83

7.2.2 Coeficientes de pressão, de forma e de arrasto

Chega-se, agora, à parte mais empírica deste tema do efeito do vento sobre estruturas. A NBR é bastante falha no que diz respeito a coeficientes de pressão, forma ou arrasto para estruturas mais complexas. Ela remete ao óbvio, que seria a obtenção dos mesmos em ensaios de modelos em túneis de vento. Caso isso não seja economicamente viável há que fazer adaptações mais ou menos confiáveis de tabelas que constam da norma brasileira para outros fins ou de artigos publicados sobre ensaios feitos em outras estruturas semelhantes.

De qualquer forma, os coeficientes de pressão referem-se ao cálculo de pressões sobre superfícies quaisquer de estruturas que tem a seguinte regra de sinais:

1. valores positivos dos coeficientes de pressão externa c_e ou interna c_i correspondem a sobrepressões, e valores negativos correspondem a sucções;

2. o coeficiente de pressão efetiva atuando sobre uma superfície é a diferença entre os coeficientes de pressão externa e a interna, isto é $c = c_e - c_i$;

3. um valor positivo para o coeficiente de pressão efetiva total indica uma pressão efetiva com o sentido de uma sobrepressão externa, e um valor negativo indica uma pressão efetiva com o sentido de uma sucção externa.

Os coeficientes de forma externos e internos permitem a determinação da força do vento em um elemento plano de edificação de área A atuando perpendicularmente a ela, com regras de sinais idênticas.

138 Introdução à dinâmica das estruturas para a engenharia civil

Já os coeficientes de arrasto referem-se à força global do vento sobre uma edificação na direção do vento.

Esses coeficientes estão disponíveis nas Tabelas 4 a 17 e Anexos D, E e F da NBR.

7.3 CÁLCULO DINÂMICO SEGUNDO A NBR 6123:1988

7.3.1 Generalidades

No vento natural, o módulo e a orientação da velocidade instantânea do ar apresentam flutuações em torno da velocidade média, designadas por rajadas. Admite-se que a velocidade média mantém-se constante em um intervalo de tempo de dez minutos ou mais, produzindo nas edificações efeitos puramente estáticos, designados por resposta média. Já as flutuações da velocidade podem induzir em estruturas muito flexíveis, especialmente edificações altas e esbeltas, oscilações importantes na direção da velocidade média, designadas como resposta flutuante.

Em edificações com período fundamental (o mais longo) igual ou inferior a um segundo, a influência da resposta flutuante é pequena, sendo seus efeitos já considerados na determinação do intervalo de tempo adotado para o fator S_2. Entretanto, edificações com período fundamental superior a um segundo (frequência fundamental menor que um Hertz), em particular as pouco amortecidas, podem apresentar uma importante resposta flutuante na direção do vento médio. A resposta total, igual à superposição das respostas média e flutuante, pode ser calculada segundo as disposições da NBR 6123 em seu Capítulo 10, com exemplos dados no Anexo I.

A velocidade de projeto, correspondente à velocidade média sobre dez minutos a 10 m de altura sobre terreno de Categoria II, em m/s, é obtida por

$$\bar{V}_p = 0{,}69 \, V_0 S_1 S_3.$$

Essa velocidade dá origem a uma pressão dinâmica, em N/m^2, dada por

$$\bar{q}_0 = 0{,}613 \, V_P^2.$$

7.3.2 Modelo discreto

Para o caso geral de edificações discretizadas via um programa de cálculo automático, as mesmas podem ser representadas por um modelo discreto simplificado, como no esquema da Figura 13, no qual, em uma notação ligeiramente diferente da norma brasileira,

O efeito dinâmico do vento sobre estruturas

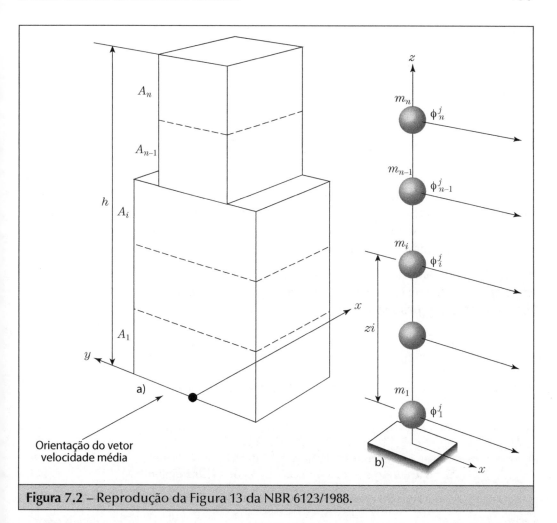

Figura 7.2 – Reprodução da Figura 13 da NBR 6123/1988.

ϕ_i^j deslocamento (normalizado) correspondente à coordenada i de um certo modo j;

A_i área de influência correspondente à coordenada i;

m_i massa discreta correspondente à coordenada i;

C_{ai} coeficiente de arrasto correspondente à coordenada i;

z_i altura do elemento i sobre o nível do terreno;

z_{ref} altura de referência (10 m);

n número de graus de liberdade preservados no modelo simplificado.

Em geral, um modelo com $n = 10$ é suficiente. Um número maior de coordenadas pode ser necessário se a edificação apresentar variações importantes de caracterís-

140 Introdução à dinâmica das estruturas para a engenharia civil

ticas ao longo da altura. Dispondo-se de um programa de cálculo automático, um modelo mais completo, como, por exemplo, um grau de liberdade por andar, pode não representar muito trabalho a mais.

Tendo-se o modelo, é feito o cálculo, usando-se o programa, das frequências naturais f_j e as formas modais $\phi^j = [\phi_1^j, ..., \phi_i^j, ..., \phi_n^j]$ correspondentes, para $j = 1$, $2, ..., r$, sendo $r \leq n$ o número de modos a serem retidos na solução. Em relação ao número de modos a serem considerados ($j = 1, ..., r$), estudos de Silva *et al* (2013), mostraram, nos casos analisados pelos autores que $r = 1$ corresponde a mais de 90% da resposta dinâmica, e é suficiente. Valores maiores seriam necessários no caso de modos localizados em uma parte específica das estruturas ou em estruturas esbeltas, ou com rigidez muito variável. Nesses casos, devem ser computadas sucessivamente as contribuições dos modos 1, 2 etc., até que as forças equivalentes associadas ao último modo incluído sejam desprezíveis.

As taxas de amortecimento estão indicadas na Tabela 19, Capítulo 9, da norma brasileira, em função do tipo de edificação. Nessa Tabela, também aparecem elementos para estimar o primeiro modo,

$$\phi^1 = \left(\frac{z}{h}\right)^\gamma$$

e seu período, o período fundamental da estrutura $T_1 = 1/f_1$.

Tabela 7.4 **Reprodução da Tabela 19 da NBR 6123/1988** **(Parâmetros para a determinação de efeitos dinâmicos)**			
Tipo de edificação	γ	ζ	$T_1 = 1/f_1$
Edifícios com estrutura aporticada de concreto, sem cortinas	1,2	0,020	$0,05 + 0,015\,h$ (h em metros)
Edifícios com estrutura de concreto, com cortinas para absorção de forças horizontais	1,6	0,015	$0,05 + 0,012\,h$
Torres e chaminés de concreto, seção variável	2,7	0,015	$0,02\,h$
Torres, mastros e chaminés de concreto, seção uniforme	1,7	0,010	$0,015\,h$
Edifícios com estrutura de aço soldada	1,2	0,010	$0,29\,\sqrt{h} - 0,4$
Torres e chaminés de aço, seção uniforme	1,7	0,008	
Estruturas de madeira	-	0,030	

O efeito dinâmico do vento sobre estruturas 141

É válido ressaltar que o uso das informações sobre γ e T_1 dadas na Tabela 19 não se justifica mais, sendo que os mesmos podem ser facilmente calculados com programas de cálculo estrutural dinâmico.

Para cada modo de vibração j, com componentes $\phi_i^j = \phi_i$, a força total F_i em função do vento na direção da coordenada i é dada por

$$F_i = \bar{F}_i + \hat{F}_i,$$

na qual se nota a contribuição de uma força média, valendo

$$\bar{F}_i = \bar{q}_0 b^2 C_{ai} A_i \left(\frac{z_i}{z_{\text{ref}}} \right)^{2p}$$

onde os coeficientes b e p dependem da categoria de rugosidade do terreno, como indicado na Tabela 20, capítulo 9, da NBR.

Tabela 7.5
Reprodução da Tabela 20 da NBR-6123: 1988
(Expoente p e parâmetro b)

Categoria de rugosidade	I	II	III	IV	V
p	0,095	0,15	0,185	0,23	0,31
b	1,23	1,00	0,86	0,71	0,50

A componente flutuante é dada por:

$$\hat{F}_i = F_H \frac{m_i}{m_0} \phi_i,$$

sendo:

$$F_H = \bar{q}_0 b^2 A_0 \frac{\displaystyle\sum_{i=1}^{n} C_{ai} \left(\frac{A_i}{A_0} \right) \left(\frac{z_i}{z_{ref}} \right)^p \phi_i}{\displaystyle\sum_{i=1}^{n} \frac{m_i}{m_0} \phi_i^2} \xi$$

Nas equações precedentes, m_0 e A_0 denotam uma massa e uma área arbitrárias de referência. ξ é o coeficiente de amplificação dinâmica, função das dimensões da edificação, da taxa de amortecimento e da frequência f, por meio da relação adimensional

$$\frac{\bar{V}_P}{f\,L}$$

é apresentado nos gráficos das Figuras 14 a 18 da norma brasileira (Figuras 7.3 a 7.5 do presente capítulo), para as cinco categorias de rugosidade de terreno consideradas.

Quando r modos são retidos na solução ($r > 1$), o efeito combinado pode ser computado pelo critério da raiz quadrada da soma dos quadrados. Após a obtenção da resposta para cada modo j ($j = 1, 2,\ldots r$), devem ser determinadas todas as variáveis de interesse associadas a cada modo (força, momento fletor, tensão, deslocamento etc.) correspondente ao modo j. A superposição de efeitos de uma variável dessas qualquer é calculada por

$$\hat{Q} = \sqrt{\sum_{j=1}^{r} Q_j^2},$$

desde que as frequências naturais sejam razoavelmente espaçadas.

As flutuações da orientação da velocidade do vento são responsáveis por vibrações da estrutura na direção perpendicular à direção do escoamento médio. As solicitações nessa direção podem ser estimadas como de intensidade igual a um terço daquela calculada na direção do vento.

Quando for o caso, a resposta na direção lateral pode ser somada à resposta devida ao desprendimento cadenciado de vórtices.

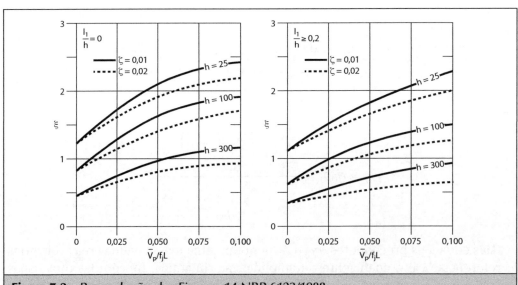

Figura 7.3 – Reprodução das Figuras 14 NBR 6123/1988.

O efeito dinâmico do vento sobre estruturas

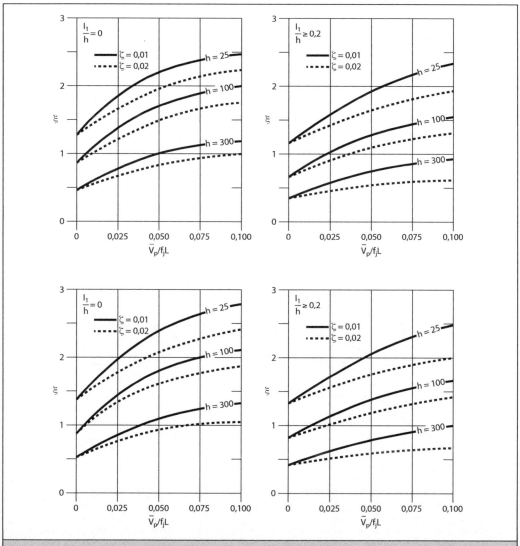

Figura 7.4 – Reprodução das Figuras 15 e 16 NBR 6123/1988.

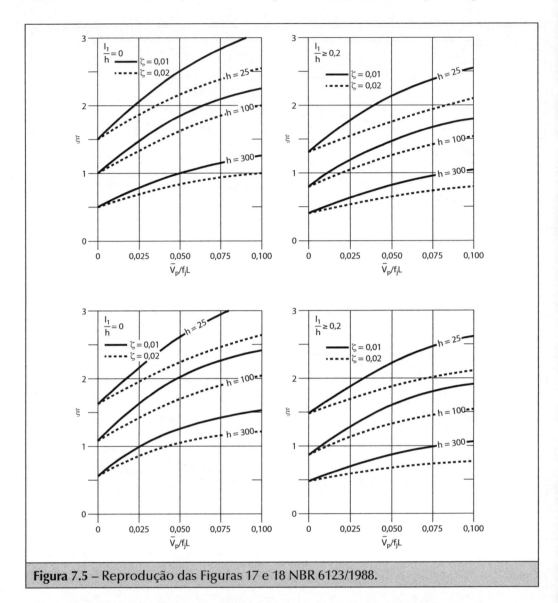

Figura 7.5 – Reprodução das Figuras 17 e 18 NBR 6123/1988.

7.4 VERIFICAÇÃO DO CONFORTO PARA OS USUÁRIOS

A aceleração máxima, no topo da edificação, não deve exceder a amplitude máxima de 0,1 m/s², para atender à verificação do conforto, segundo critério da NBR 6123:1988. Conhecidos a frequência natural f_j e o deslocamento máximo u_j, no topo da edificação, sob a ação do vento determinada dinamicamente, a aceleração nesse nível é, então, obtida aproximadamente pela expressão:

$$a_j = 4\pi^2 f_j^2 u_j.$$

Um critério simplificado de conforto para edifícios até 20 pisos é limitar as amplitudes de oscilação a um milésimo da altura H:

$$\delta_{máx} = 0,001\ H.$$

Para edifícios de altura superior, essa limitação é tida como insuficiente, sendo necessário considerar simultaneamente a amplitude e a frequência das oscilações, conforme Figura 7.6.

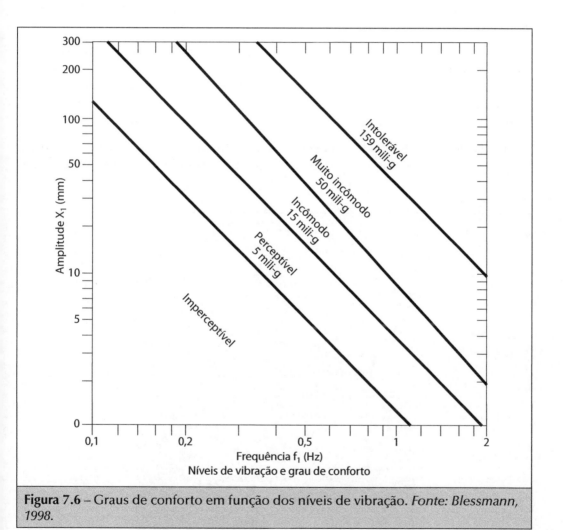

Figura 7.6 – Graus de conforto em função dos níveis de vibração. *Fonte: Blessmann, 1998.*

7.5 EXEMPLO DE ANÁLISE DE UMA TORRE DE TELECOMUNICAÇÃO EM CONCRETO ARMADO

Com base nos documentos fornecidos pelo fabricante e também em visitas realizadas em campo, determinaram-se as características geométricas da estrutura, dentre elas as dimensões dos módulos e flanges, bem como as bitolas e comprimentos dos parafusos, além do projeto estrutural (concreto e armadura).

De acordo com a placa de identificação da estrutura que se encontrava no site, foram determinados também os fatores S_1, S_2 e S_3. A velocidade básica do vento foi determinada pelas coordenadas do local da estrutura, utilizando-se o mapa de isopletas da norma NBR 6123:1988. Além disso, consideraram-se os carregamentos de antenas, suportes, plataformas e cabos, citados nesses documentos.

Utilizando-se a geometria da estrutura, os parâmetros de vento e o carregamento, procedeu-se à análise estrutural aqui apresentada. Em função das carac-

Figura 7.7 – Torre em concreto armado com altura de 40 m. *Fonte: Autores.*

O efeito dinâmico do vento sobre estruturas

terísticas de frequência natural de vibração das estruturas, procedeu-se uma análise dinâmica dessas estruturas, utilizando-se para tal o modelo discreto da NBR 6123:1988. Nesse modelo, foi considerada inércia igual a 50% da inércia bruta da estrutura, conforme prescrito na NBR 6118:2003 para a consideração da não-linearidade física da estrutura.

A altura fora do solo da estrutura medida foi igual a 40 m. O f_{ck} do concreto utilizado é de 45 MPa, os aços das armaduras são CA-50 e CA-60, os flanges foram fabricadas com aço ASTM-A36 com tensão de escoamento de 250 MPa. Nas ligações, foram usados parafusos de aço ASTM-A325, com tensão de ruptura de 825 MPa. A torre possui os seguintes dados para cálculo das pressões de vento:

- velocidade básica do vento (NBR 6123:1988): V_0 = 35 m/s;

- coeficientes para cálculo das pressões de vento S_1 = 1,0, S_2 = Categoria IV Classe B e S_3 = 1,1.

A estrutura apresenta f_1 = 0,15 Hz, calculada considerando o momento de inércia da seção transversal igual a 50% da inércia bruta da seção. Como a primeira frequência de vibração natural é inferior a 1 Hz, deve-se proceder a análise dinâmica da estrutura quando submetida ao carregamento de vento. Em torres de telecomunicações geralmente, 95% do carregamento são provenientes das cargas de vento, enquanto os demais 5% são provenientes de cargas devidas ao peso próprio da estrutura ou de manutenção.

Utilizando-se as características da estrutura e o modelo dinâmico discreto (com o primeiro modo) da norma NBR 6123:1988, determinou-se a seguinte capacidade de carga no topo da estrutura com coeficiente de arrasto incluso:

Capacidade de $AEVT_c$ = 4,7 m²,
(exclusivamente para antenas e plataformas).

Nas Tabelas 7.6 e 7.7, bem como na presente seção, é utilizada a seguinte notação:

- *AEV* – Área Efetiva (já incluso o coeficiente de arrasto) de Exposição ao Vento;

- *AEVT* – Área Efetiva (já incluso o coeficiente de arrasto) de Exposição ao Vento no Topo da Estrutura;

- $AEVT_c$ – Capacidade da estrutura em *AEVT*;

- *A* – Área (não incluso o coeficiente de arrasto) das Antenas e/ou Plataforma/Suportes;

- *a* (largura), *b* (altura) – Dimensões das Antenas e/ou Plataforma/Suportes;

- *H-i* (cota) – Altura acima do nível do terreno das Antenas e/ou Plataforma/Suportes;

148   Introdução à dinâmica das estruturas para a engenharia civil

- $-i$ – Índice do Nível da Antena e/ou Plataforma/Suportes;
- Tipo RF – Antena Setor; Tipo MW – Antena Parabólica; Tipo PLAT – Plataforma e Suportes;
- C_x – Coeficiente de Arrasto;
- S_1, S_2, b, Fr, p, S_3 – Coeficientes da NBR 6123:1988.

A relação entre AEV e $AEVT$ é dada por:

$$AEVT = AEV \times (H_i/H)^{2p+1} = C_x A \times (H_i/H)^{2p+1},$$

onde H_i é a cota em que a antena ou plataforma está instalada, H é a altura fora do solo da estrutura, C_x o coeficiente de arrasto, A a área de exposição ao vento da antena ou plataforma e p o coeficiente de S_2 da NBR 6123:1988.

$AEVT$ é a área efetiva (com arrasto incluso) instalada no topo da estrutura que provoca, no nível do terreno, o mesmo momento fletor que AEV instalada na cota H_i. $AEVT_c$ é a quantidade (em área efetiva) de antenas que pode ser instalada no topo da estrutura sem comprometer sua resistência e funcionalidade.

Na Tabela 7.6 são apresentadas as configurações de antenas, discriminando as antenas por quantidade, tipo, dimensões, cotas e status.

Tabela 7.6								
Carregamento instalado e a instalar								
Índice	Quan-tidade	Tipo de antena	Dimensões			Fabricante	Modelo	Status
			Altura (m)	Largu-ra (m)	Cota (m)			
1	1	RF	1,31	0,17	34,00	Andrew	HBX-6516DS-VTM	Instalada
2	1	RF	1,30	0,15	34,00	n/c	n/c	Instalada
3	1	RF	1,30	0,17	34,00	Katherein	XPOLF.PAINEL 1800/190	Instalada
4	1	RF	1,31	0,17	34,00	Andrew	HBX-6516DS-VTM	Instalada
5	1	RF	1,30	0,17	34,00	Katherein	XPOLF.PAINEL 1800/190	Instalada
6	1	RF	1,31	0,17	34,00	Andrew	HBX-6516DS-VTM	Instalada
7	1	PLAT	1,00	1,00	34,00	n/c	n/c	Instalada
8	1	RF	1,31	0,17	30,00	Andrew	HBX-6516DS-VTM-4DT-2110	A instalar
9	1	RF	1,31	0,17	30,00	Andrew	HBX-6516DS-VTM-3DT-2110	A instalar
10	1	RF	1,31	0,17	30,00	Andrew	HBX-6516DS-VTM-2DT-2110	A instalar
11	1	MW	1,20		28,00	Andrew	VHP-4	A instalar
12	3	RRU	0,49	0,29	30,00	Andrew	RRU	A instalar
13	1	PLAT	0,25	1,00	26,20	n/c	n/c	A instalar

Analisando-se separadamente, as antenas instaladas na estrutura no local em questão são discriminadas na Tabela 7.7.

Tabela 7.7
Antenas instaladas

Índice	Hi-i (m)	Tipo (S/P)	a-i (m)	b-i (m)	A-i (m^2)	Cx-i	AEV-i (m^2)	AEVT-i (m^2)
1	34,0	RF	1,31	0,17	0,22	1,20	0,26	0,21
2	34,0	RF	1,30	0,15	0,22	1,20	0,23	0,19
3	34,0	RF	1,30	0,17	0,22	1,20	0,27	0,22
4	34,0	RF	1,31	0,17	0,22	1,20	0,26	0,21
5	34,0	RF	1,30	0,17	0,22	1,20	0,27	0,22
6	34,0	RF	1,31	0,17	0,22	1,20	0,26	0,21
7	34,0	PLAT	1,00	1,00	1,00	2,00	2,00	1,63
Subtotal								**2,89**

Conforme computada na Tabela 7.7, a **área efetiva de antenas no topo da estrutura já instaladas pelo proprietário é de 2,89 m²**. Esse carregamento está em conformidade com a capacidade da estrutura. A Figura 7.8 mostra o diagrama de momento fletor da estrutura para a essa configuração de carregamento.

Na Figura 7.8, tem-se a seguinte notação:

- Mlsad – momento fletor de projeto (já majorado do $\gamma_f = 1,2$) dado pelo modelo estático da NBR 6123:1988;

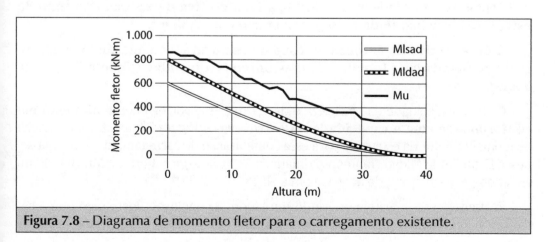

Figura 7.8 – Diagrama de momento fletor para o carregamento existente.

150 Introdução à dinâmica das estruturas para a engenharia civil

- Mldad – momento fletor de projeto (já majorado do $\gamma_f = 1,2$) dado pelo modelo dinâmico discreto da NBR 6123:1988;

- Mu – momento fletor limite último calculado de acordo com a NBR-6118:2003, com as resistências minoradas.

Observa-se, na Figura 7.8, que a estrutura atende com segurança ao carregamento existente. Note-se também que o momento do modelo dinâmico é superior ao estático em, aproximadamente, 33%.

Mais uma vez, analisando separadamente, as antenas a instalar na estrutura, no local em questão, são discriminadas na Tabela 7.8.

Tabela 7.8 Antenas a instalar								
Nível-i	Hi-i (m)	Tipo (S/P)	a-i (m)	b-i (m)	A-i (m^2)	Cx-i	AEV-i (m^2)	AEVT-i (m^2)
8	30,0	RF	1,31	0,17	0,22	1,20	0,26	0,18
9	30,0	RF	1,31	0,17	0,22	1,20	0,26	0,18
10	30,0	RF	1,31	0,17	0,22	1,20	0,26	0,18
11	28,0	MW	1,20	0,00	1,13	1,60	1,81	0,16
12	30,0	RRU	0,49	0,29	0,41	1,20	0,50	0,35
13	26,2	PLAT	0,25	1,00	0,25	2,00	0,50	0,29
Total								2,35

Conforme computada na Tabela 7.8, a **área efetiva de antenas no topo da estrutura a ser instalada pelo proprietário é de 2,35 m^2**.

A área efetiva de antenas no topo da estrutura, considerando-se as antenas já instaladas (Tabela 7.7) e as antenas a instalar (Tabela 7.8), é de 5,2 m^2.

Como a capacidade da estrutura é de 4,7 m^2, esse carregamento **não está em conformidade com a capacidade da estrutura**. A Figura 7.9 mostra o diagrama de momento fletor da estrutura para esta configuração de carregamento. Observa-se, nessa Figura, que Mldad (momento dinâmico de projeto) é superior a Mu (momento resistido pela estrutura, de acordo com a NBR 6118:2003).

Portanto, caso se esteja emitindo um laudo, a conclusão deste será que a estrutura não está apta a receber o carregamento pretendido e que, para viabilizar

O efeito dinâmico do vento sobre estruturas

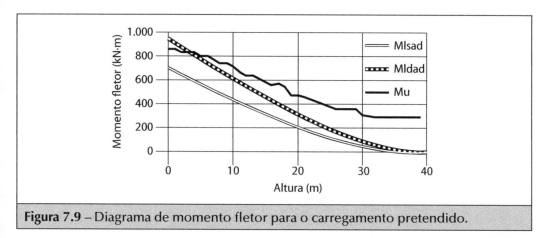

Figura 7.9 – Diagrama de momento fletor para o carregamento pretendido.

esse carregamento, seria necessário a realização de um reforço da estrutura e de sua fundação.

A seguir, são mostrados os cálculos realizados para a análise dinâmica com o modelo dinâmico discreto da norma NBR 6123:1988, para o carregamento pretendido.

\multicolumn{5}{c	}{**Tabela 7.9**}
\multicolumn{5}{c	}{**Áreas e massas consideradas (equipamentos submetidos a esforços de vento)**}
Equipamento	Cota (m)	Área	Coeficiente de arrasto	Peso
1. Antenas superior 1	34,00	3,54 m²	1,00	595,78 kgf
2. Plataforma superior	30,00	1,28 m²	1,00	79,24 kgf
3. Plataforma superior	28,00	1,81 m²	1,00	112,19 kgf
4. Plataforma inferior	26,10	0,50 m²	1,00	125,00 kgf
5. Outros	-	-	-	-
6. Esteira e cabos	De 3,00 m do solo até o topo	0,15 m²/m	1,20	25,00 kgf/m
7. Escada sem guarda-corpo	De 3,00 m do solo até o topo	0,05 m²/m	2,00	15,00 kgf/m
Poste	-	-	0,60	-

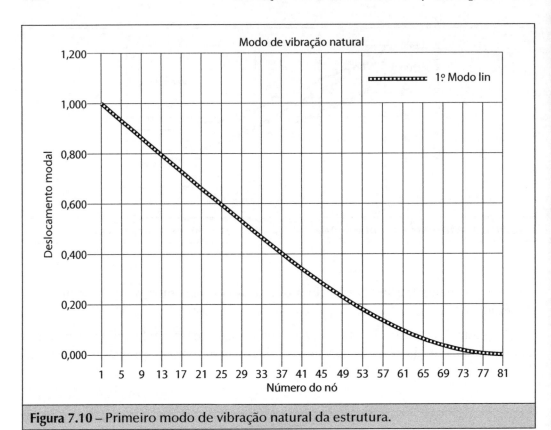

Figura 7.10 – Primeiro modo de vibração natural da estrutura.

Tabela 7.10
Coeficientes da análise dinâmica com o modelo discreto

Cat.	IV	p = 0,230 b = 0,710
f1	0,15	Hz (1ª frequência natural de vibração)
Vbp	26,57	m/s (velocidade média sobre 10 min.)
L	1800	m (dimensão característica – constante)
l1	0,81	m (largura equivalente da estrutura)
h	40	m
l1/h	0,02	(admensional para determinação de ξ)
Vbp/(fL)	0,100	(admensional para determinação de ξ)
ζ	0,010	(taxa de amortecimento)
ξ	2,52	(coeficiente de amplificação dinâmica)
qb0	43,26	Kgf/m^2 (pressão dinâmica de referência)

O efeito dinâmico do vento sobre estruturas

					Tabela 7.11					
			Análise dinâmica com o modelo discreto – parte 1							
zr (m)	Ao (m²)	mo (kg)	p	b	Vp	qo	qo x b2	qsi	FH	
10	0,3	230	0,230	0,710	26,57	432,6	218,1	2.5213	464	

Nó (i)	z_i (m)	zi/ zr	Ci*Ai (m²)	Ci*Ai/Ao	mi (kg)	psi i	xi	Xmed i	beta i* xi	psi i* xi²
1	40,0	4,00	0,320	1,000	230	1,00	1,000	132	1,37554	1,00
3	39,0	3,90	0,642	2,006	440	1,913	0,965	262	2,64905	1,78
5	38,0	3,80	0,642	2,007	420	1,826	0,931	259	2,53923	1,58
7	37,0	3,70	0,642	3,007	420	1,826	0,896	256	2.43026	1,46
9	36,0	3,60\	0,642	2,007	420	1,826	0,862	252	2,32219	1,35
11	35,0	3,50	2,408	7,526	718	3,120	0,827	934	8,30560	2,13
13	34,0	3,40	2,408	7,526	718	3,120	0,793	922	7,90726	1,96
15	33,0	3,30	0,642	2,008	420	1,826	0,759	243	2,00406	1,05
17	32,0	3,20	0,643	2,008	420	1,826	0,724	239	1,90033	0,95
19	31,0	3,10	1,279	3,997	765	3,324	0,690	469	3.57861	1,58
21	30,0	3,00	1,279	3,997	820	3,564	0,656	462	3,37737	1,53
23	29,0	2,90	1,544	4,824	558	2,424	0,623	549	3,83627	0,93
25	28,0	2,80	1,544	4.824	529	2,298	0,589	541	3,60109	0,79
27	27,0	2,70	0,982	2,787	533	2,317	0,556	307	1,94692	0,71
29	26,0	2,60	0,982	2,787	531	2,309	0,523	302	1,81647	0,63
31	25,0	2,50	0,643	2,010	469	2,038	0,491	214	1,21786	0,49
33	24,0	2,40	0,643	2,010	469	2,038	0,459	210	1,12830	0,42
35	23,0	2,30	0,643	2,011	469	2,038	0,428	206	1,04120	0,37
37	22,0	2,20	0,644	2,011	469	2,038	0,397	202	0,95670	0,32
39	21,0	2,10	0,644	2,012	469	2,038	0,367	198	0,87498	0,27
41	20,0	2,00	0,644	2,013	751	3,263	0,337	193	0,79616	0,37
43	19,0	1,90	0,644	2,013	783	3,403	0,309	189	0,72033	0,32
45	18,0	1,80	0,644	2,014	566	2,461	0,281	184	0,64759	0,19
47	17,0	1,70	0,645	2,015	560	2,604	0,254	179	0,57804	0,16
49	16,0	1,60	0,645	2,016	520	2,432	0,228	175	0,51183	0,12
51	15,0	1,50	0,645	2,017	520	2,260	0,203	170	0,44918	0,09
53	14,0	1,40	0,646	2,018	520	2,260	0,179	164	0,39026	0,07
55	13,0	1,30	0,46	2,019	520	2,260	0,156	159	0,33520	0,05
57	12,0	1,20	0,647	2,021	520	2,260	0,135	153	0,28413	0I04
59	11,0	1,10	0,647	2,023	520	2,260	0,115	147	0,23716	0,02
61	10,0	1,00	0,648	2,025	520	2,260	0.096	141	0,19440	0,02
63	9,0	0,90	0,649	2,028	810	3,518	0,079	135	0,15589	0,02
65	8,0	0,80	0,650	2,031	849	3.691	0,063	128	0,12160	0,01
67	7,0	0,70	0,652	2,036	602	2,617	0,049	121	0,09155	0,00
69	60	0,60	0,653	2,042	580	2,522	0,036	113	0,06580	0,00
71	5,0	0,50	0,656	2,051	556	2,414	0,025	104	0,04441	0,00
73	4,0	0,40	0,660	2,064	536	2,328	0,016	94	0,02739	0,00
75	3,0	0,30	0,521	1,627	516	2,241	0,009	65	0,01144	0,00
77	2,0	0,20	0,385	1.202	516	2,241	0,004	40	0,00344	0,00
79	1,0	0,10	0,556	1,736	552	2,397	0,001	42	0,00107	0,00
81	0,0	0,00	0,360	1,125	0	0,000	0,000	0	0,0000	0,00
Soma								9.856	60,47616	22,93

Tabela 7.12
Análise dinâmica com o modelo discreto – parte 2

Nó (i)	Xflu i	Xtot i	Média		Flutuante	
			Vki	Mki	Vki	Mki
1	464	596	132	0	464	0
3	857	1.119	294	132	1.321	464
5	789	1.048	653	526	2.110	1.785
7	760	1.015	908	1.179	2.869	3.895
9	730	983	1.161	2.087	3.600	6.764
11	1.198	2.132	2.095	3.248	4.798	10.364
13	1.148	2.070	3.017	5.343	5.946	15.162
15	643	885	3.260	8.360	6.588	21.107
17	614	853	3.499	11.620	7.202	27.696
19	1.065	1.534	3.969	15.119	8.267	34.898
21	1.085	1.548	4.431	19.088	9.352	43.165
23	700	1.249	4.980	13.519	10.052	52.517
25	628	1.169	5.521	28.499	10.681	62.570
27	598	905	5.828	34.020	11.278	73.250
29	561	862	6.130	39.848	11.839	84.528
31	464	678	6.344	45.978	12.303	96.367
33	434	644	6.553	52.320	12/737	108.670
35	404	610	6.759	48.875	13.141	121.407
37	375	577	6.961	65.634	13.516	134.548
39	347	544	7.159	72.595	13.863	148.064
41	511	704	7.352	79.754	14.373	161.926
43	487	676	7.540	87.105	14.861	176.300
45	321	505	7.725	94.646	15.182	191.161
47	307	486	7.904	102.370	15.489	206.342
49	257	432	8.079	110.274	15.746	221.831
51	213	382	8,248	118.353	15.959	237.577
53	188	352	8.413	125.601	16.146	253.535
55	164	323	8.572	135.014	16.310	269.682
57	141	295	8.725	143.586	16.452	285.992
59	120	268	8.872	152.310	16.572	302.443
61	101	242	9.014	161.183	16.672	319.015
63	129	263	9.149	170.197	16.801	335.687
65	108	236	9.277	179.345	16.909	352.489
67	59	180	9.397	188.622	16.968	369.397
69	42	155	9.510	198.019	17.011	386.366
71	28	132	9.614	207.529	17.039	403.376
73	18	112	9.708	217.142	17.057	420.415
75	10	75	9.774	226.851	17.066	437.472
77	4	44	9.814	236.624	17.071	454.538
79	1	43	9.856	246.438	17.072	471.609
81	0	0	9.856	256.293	17.071	488.681
Soma			9.856	256.293	17.072	488.681

O efeito dinâmico do vento sobre estruturas

Nas Tabelas 7.11 e 7.12, todas as variáveis estão com unidades do sistema internacional. Os valores de V (força cortante) e M (momento fletor) nas Tabelas 7.13 a 7.15 são relativos à análise dinâmica.

Tabela 7.13
Análise dinâmica com o modelo discreto – parte 3

Nó (i)	z_i (m)	Média x		Flutuante x		Total x		Total y	
		Vki (tf)	Mki (tf·m)	Vki (tf)	Mki (tf·m)	Vki (tf)	Mki (tf·m)	Vki (tf)	Mki (tf·m)
1	40,0	0,01	0,00	0,05	0,00	0,06	0,00	0,02	0,00
3	39,0	0,04	0,01	0,13	0,05	0,17	0,06	0,06	0,02
5	38,0	0,07	0,05	0,21	0,18	0,28	0,23	0,09	0,08
7	37,0	0,09	0,12	0,29	0,39	0,38	0,51	0,13	0,17
9	36,0	0,12	0,21	0,36	0,68	0,48	0,89	0,16	0,30
11	35,0	0,21	0,32	0,48	1,04	0,69	1,36	0,23	0,45
13	34,0	0,30	0,53	0,59	1,52	0,90	2,05	0,30	0,68
15	33,0	0,33	0,84	0,66	2,11	0,98	2,95	0,33	0,98
17	32,0	0,35	1,16	0,72	2,77	1,07	3,93	0,36	1,31
19	31,0	0,40	1,51	0,83	3,49	1,22	5,00	0,41	1,67
21	30,0	0,44	1,91	0,94	4,32	1,38	6,23	0,46	2,08
23	29,0	0,50	2,35	1,01	5,25	1,50	7,60	0,50	2,53
25	28,0	0,55	2,85	1,07	6,26	1,62	9,11	0,54	3,04
27	27,0	0,58	3,40	1,13	7,33	1,71	10,73	0,57	3,58
29	26,0	0,61	3,98	1,18	8,45	1,80	12,44	0,60	4,15
31	25,0	0,63	4,60	1,23	9.64	1,86	14,23	0,62	4.74
33	24,0	0,66	5,23	1,27	10,87	1,93	16,10	0,64	5,37
35	23,0	0,68	5,89	1,31	12,14	1,99	18,03	0,66	6,01
37	22,0	0,70	6,56	1,35	13,45	2,05	20,02	0,68	6,67
39	21,0	0,72	7,26	1,39	14,81	2,10	22,07	0,70	7,36
41	20,0	0,74	7,98	1,44	16,19	2,17	24,17	0,72	8,06
43	19,0	0,75	8,71	1,49	17,63	2,24	26,34	0,75	8,78
45	18,0	0,77	9,46	1,52	19,12	2,29	28,58	0,76	9,53
47	17,0	0,79	10,24	1,55	20,63	2,34	30,87	0,78	10,29
49	16,0	0,81	11,03	1,57	22,18	2,38	33,21	0,79	11,07
51	15,0	0,82	11,84	1,60	23,76	2,42	25,59	0,81	11,86
53	14,0	0,84	12,66	1,61	25,35	2,46	38,01	0,82	12,67
55	13,0	0,86	13,50	1,63	26,97	2,49	40,47	0,83	13,49
57	12,0	0,87	14,36	1,65	28,60	2,52	42,96	0,84	14,32
59	11,0	0,89	15.23	1,66	30,24	2,54	45,48	0,85	15,16
61	10,0	0,90	16,12	1,67	31,90	2,57	48,02	0,86	16,01
63	9,0	0,91	17,02	1,68	33,57	2,59	50,59	0,86	16,86
65	8,0	0,93	17,93	1,69	35,25	2,62	53,18	0,87	17,73
67	7,0	0,94	18,86	1,70	36,94	2,64	55,80	0,88	18,60
69	60	0,95	19,80	1,70	38,64	2,65	58,44	0,88	19,48
71	5,0	0,96	20,75	1,70	40,34	2,67	61,09	0,89	20,36
73	4,0	0,97	21,71	1,71	42,04	2,68	63,76	0,89	21,25
75	3,0	0,98	22,69	1,71	43,75	2,68	66,43	0,89	22,14
77	2,0	0,98	23,66	1,71	45,45	2,69	69,12	0,90	23,04
79	1,0	0,99	24,64	1,71	47,16	2,69	71,80	0,90	23,93
81	0,0	0,99	25,63	1,71	48,87	2,69	74,50	0,90	24,83

156 Introdução à dinâmica das estruturas para a engenharia civil

Os valores relativos à coluna total x são a soma das forças devidas ao vento médio e o flutuante (dinâmico). De acordo com a norma, deve-se considerar, na direção perpendicular à do vento, um valor de força igual a 1/3 daquela dada na direção do vento. Portanto o valores em Total y são1/3 dos valores em Total x.

Tabela 7.14
Análise dinâmica com o modelo discreto – parte 4

Nó	Total Res.			Total projeto (gf = 1,2)	
(i)	Nki (tf)	Vki (tf)	Mki (tf·m)	Vdi (tf)	Mdi (tf·m)
1	0,23	0,06	0,00	0,08	0,00
3	0,67	0,18	0,06	0,22	0,08
5	1,09	0,29	0,24	0,35	0,29
7	1,51	0,40	0,53	0,48	0,64
9	1,93	0,50	0,93	0,60	1,12
11	2,65	0,73	1,43	0,87	1,72
13	3,37	0,94	2,16	1,13	2,59
15	3,79	1,04	3,11	1,25	3,73
17	4,21	1,13	4,14	1,35	4,97
19	4,97	1,29	5,27	1,55	6,33
21	5,79	1,45	6,56	1,74	7,87
23	6,35	1,58	8,01	1,90	9,62
25	6,88	1,71	9,60	2,05	11,52
27	7,41	1,80	11,31	2,16	13,57
29	7,95	1,89	13,11	2,27	15,73
31	8,41	1,97	15,00	2,36	18,01
33	8,88	2,03	16,97	2,44	20,36
35	9,35	2,10	19,00	2,52	22,80
37	9,82	2,16	21,10	2,59	25,32
39	10,29	2,22	23,26	2,66	27,91
41	11,04	2,29	25,48	2,75	30,57
43	11,82	2,36	27,77	2,83	33,32
45	12,39	2,41	30,13	2,90	36,15
47	12,99	2,47	32,54	2,96	29,05
49	14,55	2,51	35,01	3,01	42,01
51	14,07	2,55	37,52	3,06	45,02
53	14,59	2,59	40,07	3,11	48,08
55	15,11	2,62	42,66	3,15	51,19
57	15,63	2,65	45,28	3,18	54,34
59	16,15	2,68	47,94	3,22	57,52
61	16,67	2.71	50,62	3,25	60,74
63	17,48	2,74	53,32	3,28	63,99
65	18,33	2,76	56,06	3,31	67,27
67	18,93	2,78	58,82	3,33	70,58
69	19,51	2,80	61,60	3,35	73,92
71	20,07	2,81	64,40	3,37	77,27
73	20,60	2,82	67,20	3,39	80,65
75	12,12	2,83	70,03	3,40	84,03
77	21,64	2,83	72,85	3,40	87,43
79	22,19	2,84	75,69	3,41	90,83
81	22,48	2,84	78,53	3,41	94,23

O valor da força cortante estática característica é de 2,41 tf.

Tabela 7.15
Análise dinâmica – comparação entre os momentos de projeto e o último

Nó (i)	z (m)	Mlsad (kN·m)	Mldad (kN·m)	Mu (kN·m)
1	40,0	0,00	0,00	
3	39,0	0,34	0,75	288,63
5	38,0	1,03	2,92	389,54
7	37,0	2,39	6,42	290,45
9	36,0	4,43	11,20	291,36
11	35,0	7,15	17,22	292,27
13	34,0	10,53	25,94	294,46
15	33,0	18,21	37,27	295,36
17	32,0	26,55	49,73	296,27
19	31,0	35,55	63,27	308.34
21	30,0	45,19	78,74	310,91
23	29,0	56,74	96,18	359,30
25	28,0	68,94	115,19	360,50
27	27,0	83,54	135,69	360,95
29	26,0	98,76	157,33	362,16
31	25,0	115,08	180,05	382,09
33	24,0	132,,02	203,64	401,72
35	23,0	149,57	228,04	421,05
37	22,0	167,72	253,21	440,12
39	21,0	186,47	279,11	458,93
41	20,0	205,80	305,70	471,41
43	19,0	225,72	333,18	473,38
45	18,0	246,22	361,52	544,00
47	17,0	267,28	390,49	573,25
49	16,0	299,91	420,08	558,28
51	15,0	311,09	450,22	585,82
53	14,0	333,81	480,84	612,97
55	13,0	357,07	511,90	639,77
57	12,0	380,85	543,38	640,57
59	11,0	405,15	575,22	667,02
61	10,0	429,96	607,41	718,30
63	9,0	455,27	639,90	741,30
65	8,0	481,06	672,72	742,99
67	7,0	507,32	705,84	773,73
69	6,0	534,03	739,19	798,88
71	5,0	561,20	772,74	799,63
73	4,0	588,78	806,45	838,26
75	3,0	616,78	840,31	838,94
77	2,0	645,16	874,26	839,61
79	1,0	673,74	908,27	863,02
81	0,0	702,50	942,33	863,85

Como já citado, Mlsad é a análise estática da norma (de projeto, já majorado por $\gamma_f = 1{,}2$), enquanto que Mldad (de projeto) provem da análise dinâmica e Mu o momento último. Note que o momento Mldad é superior ao Mu e que Mlsad é inferior, ou seja, pela análise estática, a torre passa, pela análise dinâmica, não. Portanto, ao negligenciar a análise dinâmica, neste caso, comete-se um erro contra a segurança. Sugere-se, nos casos dos postes de concreto e metálicos destinados a telecomunicações e a linhas de transmissão de eletricidade, que se proceda a análise dinâmica.

7.6 UMA METODOLOGIA SIMPLIFICADA PARA A ANÁLISE DINÂMICA

É muito usual a utilização de estruturas esbeltas, principalmente nas áreas de telecomunicações, linhas de transmissão de eletricidade, chaminés, caixas-d'água etc. Na Figura 7.11 é mostrada uma típica estrutura de telecomunicações em concreto armado. Uma característica básica dessas estruturas esbeltas é o baixo valor da primeira frequência natural de vibração.

Figura 7.11 – Típica torre de telecomunicações em concreto armado. *Fonte: autores*.

O efeito dinâmico do vento sobre estruturas

Como já citado, no caso de a primeira frequência de vibração ser menor que 1 Hz, é necessário que se proceda à análise dinâmica dessas estruturas. Cargas dinâmicas devidas ao vento são extremamente importantes nesses casos.

O objetivo desta seção é determinar uma metodologia, na qual, a partir da primeira frequência natural de vibração (f_1), a altura total da estrutura (H) e o momento fletor característico provocado pelo vento (M_k^e), calculado pelo método estático da norma NBR-6123:1988 (Seção 6.2), pode-se calcular o momento fletor dinâmico por meio da equação

$$M_k^{din} = \gamma_d M_k^e, \qquad \text{onde} \qquad \gamma_d = \gamma_d(H, f_1).$$

Já, utilizando a força cortante estática V_k^e e γ_d, pode-se calcular a força cortante dinâmica como

$$V_k^{din} = \left[(1 + \gamma_d)/2\right]V_k^e.$$

A variável γ_d é denominada de coeficiente de majoração dinâmica. Ela representa a razão entre os valores dinâmico e o estático e é função da altura total da estrutura e da primeira frequência natural de vibração.

No trabalho de Silva $et\ al.$ (2013), γ_d é representado linearmente pela função

$$\gamma_d = \alpha_1 + \alpha_2 H + \alpha_3 f_1,$$

onde α_1, α_2 e α_3 são constantes mostradas na Tabela 7.15 para diferentes valores de S_2 (categoria de terreno) e ζ (taxa de amortecimento).

Tabela 7.15
Valores de α_1, α_2 e α_3 para diferentes valores de S_2 e ζ

Categoria (S_2)	ζ	α_1	α_2	α_3
II	1,0%	1,635324	0,003093	–0,2206870
III	1,0%	1,393851	0,004403	–0,168990
IV	1,0%	1,193900	0,004552	–0,139560
II	1,5%	1,592341	0,002299	–0,208510
III	1,5%	1,361500	0,003594	–0,163390
IV	1,5%	1,172087	0,003751	–0,140040

Estes valores tabelados foram obtidos pelos autores Silva $et\ al.$ (2013) processando, com auxílio de técnicas de otimização, os resultados da análise dinâmica de 90 torres de telecomunicações em concreto armado, instaladas em todo o território brasileiro. Essas expressões são bastante confiáveis para frequências (f_1) entre 0,15 e 0,5 Hz e para torres com alturas de até 60 m. É válido lembrar que essas expressões referem-se às cargas devidas ao vento. No caso da combinação de diversos tipos de carregamentos, o coeficiente de majoração dinâmica somente deve ser aplicado aos esforços internos oriundos das cargas devidas ao vento.

A Figura 7.12 mostra o plano $\gamma_d = \gamma_d(H, f_1)$ para o caso de $\zeta = 1\%$ e $S_2 =$ Categoria IV. No trabalho de Silva *et al* (2013) são mostradas os planos para todas as seis situações da Tabela 7.15.

Exemplo: torre do exemplo da Seção 7.5

A torre da Figura 7.7 apresenta uma altura de $H = 40$ m, possui seção transversal circular e diâmetro externo constante ao longo da altura. Encontra-se localizada em uma região de rugosidade Categoria IV. Uma análise das frequências e modos de vibração indicou que a primeira frequência de vibração natural da estrutura é igual a $f_1 = 0{,}15$ Hz.

De acordo com a Tabela 7.4, como a torre é de concreto e possui seção uniforme, tem-se que $\zeta = 1\%$. Considerando-se então Categoria IV e $\zeta = 1\%$, obtém-se da Tabela 7.15:

$$\alpha_1 = 1{,}193900 \qquad \alpha_2 = 0{,}004552 \qquad \alpha_3 = -0{,}139560.$$

Calcula-se então

$$\gamma_d = \alpha_1 + \alpha_2 H + \alpha_3 f_1 = 1{,}193900 + 0{,}004552 \times 40 - 0{,}139560 \times 0{,}15 = 1{,}35.$$

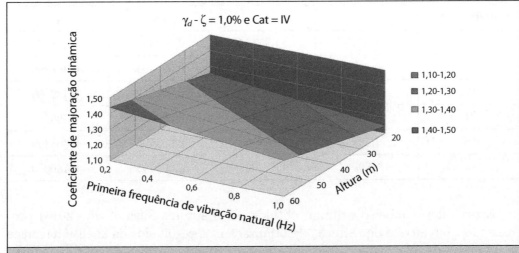

Figura 7.12 – Coeficiente de majoração dinâmica para terrenos de Categoria IV ($S_2 =$ IV) e taxa de amortecimento (ζ) igual a 1%.

O efeito dinâmico do vento sobre estruturas

161

Da análise estática da torre mostrada na Seção 7.5, realizada conforme descrito na Seção 7.2, a qual é bastante direta e simples de ser concluída, obtiveram-se os seguintes esforços internos na base da torre:

N_k^e = 225 kN (força axial estática, a qual não depende das cargas de vento);

V_k^e = 24 kN (força cortante estática, a qual depende das cargas de vento);

M_k^e = 585 kN · m (momento fletor estático, o qual depende das cargas de vento).

Os esforços internos dinâmicos aproximados na base da torre são:

$$N_k^{din} = N_k^e = 225 \text{ kN}$$

(força axial dinâmica que é igual à estática, pois, neste caso, não depende das cargas de vento);

$$V_k^{din} = (1 + \gamma_d)/2 \times V_k^e = (1 + 1{,}35)/2 \times 24 = 28 \text{ kN}$$

(força cortante dinâmica aproximada);

$$M_k^{din} = \gamma_d \, M_k^e = 1{,}35 \times 585 = 789 \text{ kN} \cdot \text{m}$$

(momento fletor dinâmico aproximado).

Comparando-se os valores dinâmicos obtidos aqui, com a metodologia aproximada, com os da análise dinâmica exata (Tabela 7.14), tem-se:

	Aproximada	Exata (Tabela 7.14)	Diferença
Força cortante	28 kN	28 kN	0%
Momento fletor	789 kN · m	785 kN · m	0,5%

Como se pode observar, por esta metodologia, a análise dinâmica pode ser realizada de forma bastante simples e direta, com uma ótima precisão.

8. ANÁLISE DINÂMICA DE ESTRUTURAS SOB EXCITAÇÃO ALEATÓRIA DE VENTO: MÉTODO DO VENTO SINTÉTICO

8.1 INTRODUÇÃO

Quando se faz a análise dinâmica de uma estrutura supondo-se conhecidos por completo os históricos das excitações e as características mecânicas do sistema, sua resposta poderá ser obtida de forma determinística. Entretanto, excitações como as decorrentes de ventos, ondas do mar, sismos e outras desse gênero, não são, no nível atual do conhecimento, passíveis de descrição, a não ser no sentido estatístico, isto é, por meio de valores médios, desvios desses valores e distribuições de probabilidades. Mesmo as propriedades físicas das construções são sujeitas a variações que, de novo, só podem ser conhecidas de forma estatística. A argumentação em favor de uma análise não determinística do comportamento dinâmico de estruturas, nesses casos, é quase irrespondível:

- os carregamentos de vento, ondas do mar e sismos são, naturalmente, aleatórios, no presente nível de desenvolvimento da meteorologia, hidrologia e sismologia;

- as "ondas de projeto", com certos períodos de recorrência, podem não dar as respostas máximas da estrutura, pois essas dependem também de efeitos de amplificação dinâmica, de forma que ondas de menor intensidade, mas de frequências mais próximas de condições de ressonância, podem ser mais significativas (a análise espectral levará em conta todas as frequências);

- há toda uma lista de incertezas inerentes ao projeto, tais como a falta de dados climáticos e geofísicos referentes ao local da obra e erros de projeto, construção e materiais.

164   Introdução à dinâmica das estruturas para a engenharia civil

O grande avanço computacional das últimas décadas tornou viáveis simulações de modelos para representação de processos físicos até então proibitivos do ponto de vista prático, mas o insumo básico do carregamento ainda é muito incerto. Este capítulo apresenta uma técnica para implementação de uma rotina para análise estocástica da resposta dinâmica de estruturas. É denominada "Vento Sintético" e devida a Mário Franco (1993).

A verificação dos esforços provenientes da ação de vento apresenta grandes dificuldades à análise de estruturas, em virtude da grande variabilidade do carregamento. Dessa maneira, usualmente, adota-se uma simplificação importante de cálculo com a adoção de carregamentos estáticos equivalentes, considerando-se uma velocidade característica do vento. No caso de estruturas com modos de vibração de frequências abaixo de 1 Hz, como é o caso de algumas estruturas altas, os esforços dinâmicos de vento tornam-se importantes e a consideração desses esforços como estáticos e de natureza determinística é uma aproximação por demais grosseira.

A necessidade de verificação do comportamento estrutural, adotando-se um modelo dinâmico de análise, é também exigida, por exemplo, pela norma brasileira NBR 8800:1986 "Projeto e execução de estruturas de aço de edifícios". A referida norma comenta:

> Estruturas de edifícios cuja altura não ultrapassa 5 vezes a menor dimensão horizontal (estrutural) nem 50 m podem, na maioria dos casos, ser consideradas rígidas, podendo-se supor que o vento é uma ação estática. Nos demais casos e nos casos de dúvida, a estrutura será considerada flexível, devendo ser levados em conta os efeitos dinâmicos do vento.

A norma brasileira NBR 6123:1988 "Forças devido ao vento em edificações" também ressalta a importância dos efeitos dinâmicos em seu Capítulo 9, "(...) edificações com período fundamental superior a 1 s (frequências menores do que 1 Hz), em particular aquelas fracamente amortecidas, podem apresentar importante resposta flutuante na direção do vento médio".

No Anexo H da mesma NBR 6123:1988, encontra-se outra indicação da necessidade de se considerar o comportamento dinâmico da estrutura:

> "Certas edificações esbeltas e flexíveis apresentam comportamento intrinsecamente dinâmico quando expostas ao vento, sendo que nem sempre a velocidade mais desfavorável é a velocidade máxima prevista para o vento. Torna-se necessário estudar sua estabilidade (sic)... em uma gama bastante intensa de velocidades do vento."

Como pode ser observado, a norma sugere a necessidade de um tratamento estocástico da velocidade do vento, considerando as flutuações aleatórias desse fenômeno e sua probabilidade de ocorrência.

É importante salientar, também, que atualmente existem modelos capazes de realizar a análise estocástica de estruturas de comportamento linear sob esforços de vento de maneira bastante satisfatória. Nesses modelos, são adotados métodos baseados no domínio das frequências, considerando-se comportamento linear da estrutura.

Neste capítulo, o carregamento aleatório, obtido de espectros de potência do vento, será transformado em certo número de carregamentos harmônicos que serão aplicados sobre a estrutura, utilizando um programa de integração no domínio do tempo capaz de prever, se for o caso, comportamento não linear. Pode-se, então, realizar um estudo estatístico a partir dos resultados obtidos. O Método do "Vento Sintético" pode ser encarado como um algoritmo de simulação tipo Monte Carlo.

8.2 CARACTERIZAÇÃO DO VENTO NO MÉTODO

O aquecimento da superfície da terra e a consequente radiação de seu calor produzem diferenças de temperatura, provocando gradientes de pressão capazes de causar a aceleração do ar. A subsequente movimentação do ar na atmosfera terrestre é denominada vento.

As propriedades do vento são instáveis e variam aleatoriamente. Todavia, pode-se levantar a hipótese de que o vento possui características estacionárias. Avanços recentes em técnicas computacionais têm tornado possível a geração de históricos e dados de vento com as mesmas características estatísticas próximas das do vento real.

Para estruturas de comportamento linear, a resposta pode ser estimada com precisão razoável, utilizando-se uma aproximação estocástica, na qual as características estatísticas da resposta são determinadas em termos das propriedades estatísticas do vento.

Entretanto, para estruturas de comportamento não linear, para as quais as propriedades estruturais variam com a amplitude da resposta e, portanto, com o tempo, melhores resultados podem ser obtidos utilizando-se um processo pseudoaleatório, no qual as propriedades estruturais são atualizadas ao final de cada passo temporal.

Neste capítulo, para a geração do histórico de carregamento, será utilizado o processo do "Vento Sintético", conforme proposto por Franco (1993). O método consiste na geração de um número razoavelmente grande de séries de carregamento compostas pela superposição de componentes harmônicos de fases aleatoriamente escolhidas, configurando um tipo de simulação numérica similar aos métodos do tipo Monte Carlo.

166 Introdução à dinâmica das estruturas para a engenharia civil

O Método de Monte Carlo é um processo de solução aproximada de problemas físicos e matemáticos pela simulação de valores aleatórios. Credita-se a criação do método a dois matemáticos americanos J. Neyman e S. Ulan, em 1949. A base teórica para a construção do método é razoavelmente antiga, sendo que ele foi utilizado no século XIX e início do século XX para a solução de problemas estatísticos. No entanto, a simulação se tornava excessivamente laboriosa para os cálculos manuais da época. Com o advento da computação eletrônica, o método passou a se tornar mais atraente e atualmente é largamente utilizado na simulação de vários problemas matemáticos e científicos. Destaca-se que o Método de Monte Carlo constitui uma alternativa que utiliza a atual potência computacional para a solução de problemas de difícil formulação, em razão do fato de que sua eficiência depende pouco do modelo de resposta e dos dados estatísticos, e mais do número de simulações.

Para a geração dos históricos de carregamento, admite-se que o fluxo de vento é unidirecional, estacionário e homogêneo. Isso implica que a direção do fluxo principal é constante no tempo e espaço, e que as características estatísticas do vento não se alteram durante o período no qual a simulação é realizada.

O processo do vento sintético proposto inicialmente por Franco (1993) pressupõe a divisão do carregamento de vento na direção do fluxo em uma parcela flutuante e uma parcela média. Segundo o método originalmente proposto, a parcela média é aplicada estaticamente à estrutura.

A parcela flutuante, por sua vez, é dividida em uma série de componentes harmônicos de fases aleatórias. Inicialmente, o método previa a utilização de 11 componentes harmônicos, com um deles possuindo frequência ressonante com a da estrutura. As frequências dos outros componentes eram então definidas como múltiplos ou submúltiplos dessa frequência de referência. A amplitude de cada um dos harmônicos poderia ser obtida a partir do espectro de potência do vento.

O processo original propunha que a parcela flutuante correspondia a 52% do carregamento total. Alternativamente, pode-se adotar a correção de que a porcentagem flutuante do total varia de acordo com a altura.

8.3 O ESPECTRO DO VENTO

A potência do vento, associada a certo intervalo de frequência e para certa altura, pode ser calculada pela seguinte expressão:

$$dW = S(z, n)dn,$$

onde

z é a altura;
n é a frequência da rajada.

A função $S(z, n)$ é conhecida como espectro de potência de velocidades do vento e quando se utiliza um escala logarítmica de representação esta pode ser convenientemente posta em sua forma reduzida como:

$$S_r(z,n) = \frac{nS(z,n)}{u_*^2},$$

onde

u_*^2 é conhecida como velocidade de fricção, que é função da rugosidade do terreno.

A relação entre as formas do espectro natural e reduzido pode ser observada na Figura 8.1.

Os autores que iniciaram as medições dos espectros de potência do vento não consideravam a dependência com relação à altura z. Várias funções empíricas foram propostas para determinação do espectro de potência reduzido como função da frequência de rajada n e da velocidade média U_0, para intervalo de dez minutos, a dez metros de altura em terreno aberto,

$$U_0 = 0{,}69V_0,$$

onde V_0 é a velocidade característica do vento na região fornecida pela NBR 6123:1988. Uma visão da variação da velocidade com o intervalo é dada pela Figura 8.2.

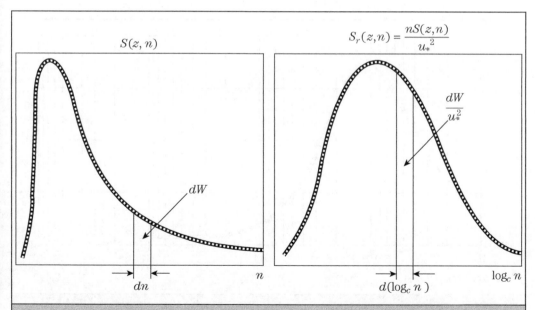

Figura 8.1 – Espectro de velocidades do vento e sua forma reduzida. *Fonte: Franco (1993).*

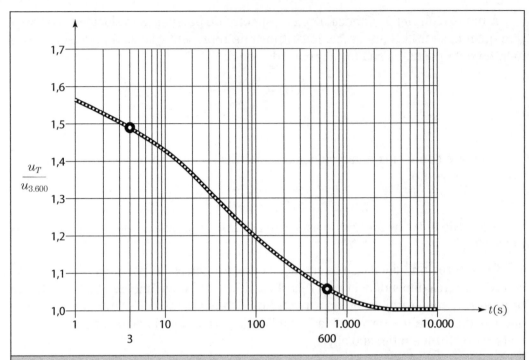

Figura 8.2 – Equivalência entre velocidades médias para vários intervalos. *Fonte: Franco (1993).*

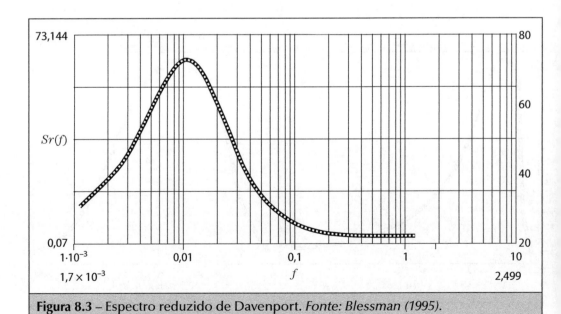

Figura 8.3 – Espectro reduzido de Davenport. *Fonte: Blessman (1995).*

Análise dinâmica de estruturas sob excitação aleatória de vento: método do vento sintético 169

Um dos mais conhecidos espectros reduzidos é o proposto por Davenport, *apud* Blessmann (1995) – Figura 8.3 –, que indica a seguinte expressão:

$$\frac{nS(n)}{u_*^2} = 4\frac{x^2}{(1 + x^2)^{4/3}}$$

com

$$x = \frac{1.200n}{U_0}.$$

Neste Capítulo, utilizou-se a expressão de Davenport ligeiramente modificada, da mesma maneira como proposto por Franco (1993) em seu trabalho original. A expressão assume a forma:

$$x = \frac{1.220n}{U_0}$$

com

$$\frac{nS(n)}{u_*^2} = 4\frac{x^2}{(1 + x^2)^{4/3}}.$$

O espectro de pressões pode ser escrito como função do espectro de velocidades, como a seguir:

$$S_{p'}(z, n) = (\rho c U_z)^2 S(z, n),$$

onde

ρ é a densidade do ar;
c é o coeficiente aerodinâmico;
U_z é a velocidade média na altura z.

Assim, pode-se admitir, com suficiente precisão, que:

$$S_{p'}(z, n) = P[S(z, n)],$$

com

$$P = (\rho c U_z)^2.$$

Indicando, assim, que em qualquer ponto da estrutura o espectro de pressões pode ser considerado proporcional ao espectro de velocidades.

8.4 DECOMPOSIÇÃO DAS PRESSÕES FLUTUANTES

As pressões flutuantes $p'(t)$ podem ser representadas segundo a seguinte integral de Fourier:

$$p(t) = \int_{-\infty}^{\infty} C(n)\cos[2\pi nt - \theta(n)]\,dn$$

com

$$C(n) = \sqrt{A^2(n) + B^2(n)}$$

$$\theta(n) = \tan^{-1}\frac{B(n)}{A(n)}$$

$$A(n) = \int_{-\infty}^{\infty} p(t)\cos 2\pi nt\,dt$$

$$B(n) = \int_{-\infty}^{\infty} p(t)\operatorname{sen} 2\pi nt\,dt.$$

O valor médio quadrado de $p'(t)$, supostamente definido em um intervalo suficientemente longo T, é:

$$\sigma^2(p) = \frac{1}{T}\int_{T/2}^{T/2} p^2(t)\,dt = \frac{2}{T}\int_{0}^{\infty} C^2(n)\,dn.$$

Se $T \to \infty$, então:

$$\sigma^2(p) = \int_{0}^{\infty} S(n)\,dn,$$

onde $S(n)$ é a função de densidade espectral de $p'(t)$ e $S(n)dn$ representa a contribuição associada ao intervalo de frequência dn ao valor médio quadrado.

Uma simplificação conveniente é a adoção de um número finito m de funções harmônicas como uma aproximação para a representação de $p'(t)$. As funções devem ser convenientemente escolhidas de modo que o intervalo de frequências adotado realmente contenha o intervalo de interesse, que vai de aproximadamente $1{,}7 \times 10^{-3}$ Hz (600 s) a 2 Hz (0,5 s) ou mais, de modo a capturar os modos mais altos. Seguindo a indicação proposta por Franco (1993), para a construção do histórico de carregamento utilizado no exemplo do presente capítulo, foram adotadas 11 funções harmônicas, de modo que uma dessas possua frequência ressonante com o primeiro modo de vibração da estrutura. As frequências dos outros componentes harmônicos serão obtidas como múltiplos ou submúltiplos da frequência de referência por um fator dois, conforme Figura 8.4, para um caso hipotético.

Assim, pode-se escrever:

$$p(t) = \sum_{k=1}^{m} C_k \cos \frac{2\pi n_r}{r_k} t - \theta_k$$

$$C_k = \sqrt{2 \int_{(k)} S(n) dn}$$

$$r_k = 2^{k-r}$$

Os valores de C_k são calculados pela integração da função de densidade espectral no intervalo de frequências m.

Sabendo-se que a amplitude máxima da pressão flutuante pode ser escrita como uma parcela da pressão total, $p'(t) = \alpha p$, as amplitudes dos componentes harmônicos de $p'(t)$ podem ser escritas na forma:

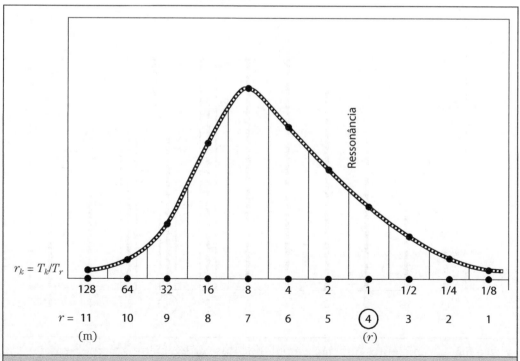

Figura 8.4 – Divisão do espectro de velocidades de vento. *Fonte: Franco (1993).*

$$p_k = \frac{C_k}{\sum_{k=1}^{m} C_k} p = c_k p .$$

Os coeficientes obtidos têm o aspecto mostrado na Figura 8.5, para um caso hipotético.

A construção das séries de carregamentos para a geração dos históricos de carga baseia-se na superposição dos componentes harmônicos com ângulos de fases indeterminados. Assim, estes últimos representam a componente aleatória do processo.

8.5 CORRELAÇÃO ESPACIAL DE VELOCIDADES

Dados dois pontos A e B da face da estrutura exposta ao vento, com mesmas coordenadas horizontais x, $A = (x, y_A, z_A)$ e $B = (x, y_B, z_B)$, pode-se obter a distância entre esses pontos por:

$$r = \sqrt{(y_2 - y_1)^2 + (z_2 - z_1)^2}$$

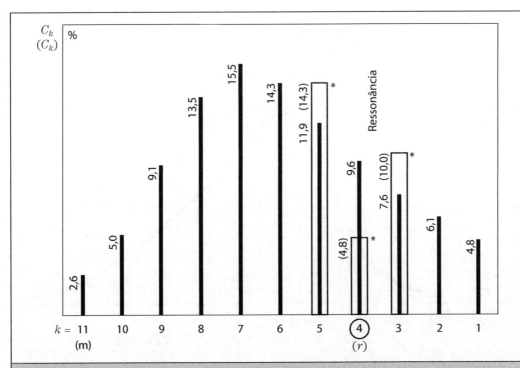

Figura 8.5 – Coeficientes que dão a amplitude dos carregamentos harmônicos.
Fonte: Franco (1993).

Quanto maior o valor de r menor será a correlação de flutuações de velocidades nos pontos A e B. Para a medida dessa correlação, em função da frequência da flutuação considerada e da distância entre pontos, pode-se utilizar o coeficiente de correlação cruzada de banda estreita, $Coh(r, n_k)$:

$$Coh(r, n_k) = e^{-\hat{f}},$$

com

$$\hat{f} = \frac{n_k \sqrt{C_z^2 (z_2 - z_1)^2 + C_y^2 (y_2 - y_1)^2}}{U_0}.$$

Para as aplicações práticas, pode-se admitir $7 \le C_z \le 10$ e $12 \le C_y \le 16$. Seguindo a recomendação proposta por Franco (1993), a favor da segurança, adota-se $C_z = 7$ e $C_y = 12$. Em estruturas predominantemente verticais, como chaminés, torres e edifícios esbeltos, é suficiente considerar apenas a correlação vertical resultando então que:

$$Coh(\Delta z, n_k) = \exp\left(-\frac{7 \Delta z n_k}{U_0}\right).$$

Pode-se observar que o coeficiente de correlação varia de 1 para $\Delta z = 0$ até 0 quando $\Delta z \to \infty$. O formato da função cria o conceito de tamanho de rajada, significando a dimensão de uma rajada perfeitamente correlacionada que induz o mesmo efeito na estrutura, como indica a Figura 8.6.

Essa equivalência é obtida com boa aproximação, igualando-se às resultantes das pressões p', cujo coeficiente de correlação é:

$$Coh(p')(\Delta z, n_k) = \left[\exp\left(-\frac{7 \Delta z n_k}{U_0}\right)\right]^2 = \exp\left(-\frac{14 \Delta z n_k}{U_0}\right)$$

Assim, a altura de rajada equivalente pode ser determinada como:

$$z_{ok} = 2 \int_0^\infty \exp\left(-\frac{14 \Delta z n_k}{U_0}\right) d(\Delta z) = \frac{U_0}{7 n_k}$$

As considerações apresentadas aqui mostram que a rajada de frequência n_k, cujo coeficiente de correlação é representado pela curva exponencial dupla da Figura 8.6, pode aproximadamente ser representada pela rajada perfeitamente correlacionada de altura Δz_{ok}.

Neste capítulo, usa-se um triângulo, de forma que a correlação decai de 1 a 0, em uma zona com altura igual ao dobro de Δz_{ok}.

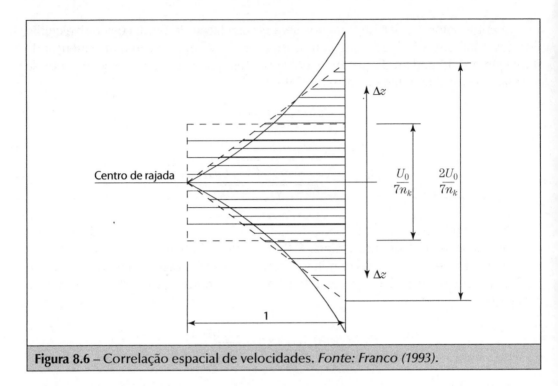

Figura 8.6 – Correlação espacial de velocidades. *Fonte: Franco (1993).*

Todavia, para se aplicar o conceito de rajadas equivalentes, deve-se calcular de maneira determinística a posição do centro de rajada da estrutura. Isso pode ser feito, em princípio, assumindo-se que as rajadas são estacionárias, e calculando-se, para cada um dos harmônicos, a posição que maximiza a resposta relevante da estrutura. Na prática, no entanto, é suficiente supor que todas as rajadas possuem o mesmo centro e podem ser aplicadas na posição mais desfavorável do centro de rajada ressonante, como em Franco (1993), e conforme indicado na Figura 8.7, para um caso hipotético.

8.6 SISTEMATIZAÇÃO DO MÉTODO

Como descrito na construção do método, a pressão máxima no centro de uma rajada supostamente estacionária p é a soma de uma componente constante $\bar{p}$, que corresponde ao vento médio, e uma parcela flutuante p'. A última pode ser decomposta em m funções harmônicas de amplitudes $c_k p'$. A soma dos coeficientes c_k é 1.

Para se definir a parcela flutuante da pressão total, utiliza-se a lei de potência proposta pela NBR 6123:1988 como:

$$v_{600} = 0{,}69 b_{600} V_0 \left(\frac{z}{10}\right)^{p_{600}}$$

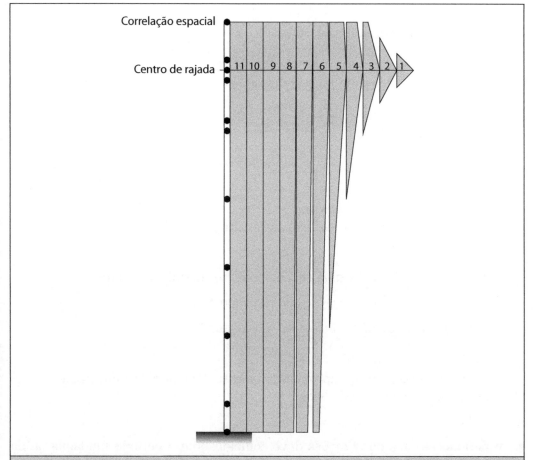

Figura 8.7 – Distribuição vertical das pressões do vento e centro de rajada. *Fonte: Franco (1993).*

$$v_3 = b_3 V_0 \left(\frac{z}{10}\right)^{p_3},$$

onde

v_{600} é a velocidade para o período de 600 s na altura z;
v_3 é a velocidade de pico para período de 3 s na altura z;
V_0 é a velocidade característica;
b e p são parâmetros meteorológicos definidos pela NBR 6123:1988 em função da classe do terreno e do período.

A pressão de pico é calculada como:

$$q_j = 0,613v_3^2.$$

A pressão média ou estática é calculada como:

$$q_{est} = 0,613v_{600}^2.$$

Assim, a pressão flutuante pode ser obtida por:

$$q_f = q_j - q_{est}.$$

O carregamento estático é definido como:

$$F = C_a A q_{est},$$

onde

C_a é o coeficiente de arrasto;

A é a área da projeção vertical da estrutura.

A pressão dinâmica é dividida em componentes harmônicos como:

$$Q_{din} = q_f C_r [\text{Harmônico}].$$

As componentes de força dinâmicas são calculadas:

$$F_{din} = C_e A Q_{din}.$$

Segundo Franco (1993), a aproximação pode ser melhorada aumentando-se m e observando-se as seguintes condições:

- $m \geq 11$;

- o período de uma das funções deve coincidir com o período fundamental da estrutura;

- os períodos das funções restantes devem ser múltiplos ou submúltiplos do período fundamental por um fator 2.

Para o exemplo a ser apresentado, adotou-se a correlação retangular. Dessa maneira, o coeficiente de correlação assume apenas dois valores, 1 para pontos dentro da altura equivalente de rajada e zero para pontos acima ou abaixo do retângulo equivalente. Para Franco (1993), uma correção se faz necessária quando se utiliza $m = 1$. Nesse caso, a contribuição da componente ressonante é superestimada por um fator 2.

Assim, propõe-se a seguinte correção, indicada na Figura 8.5:

o coeficiente da função ressonante é reduzido à metade:

$$c_{*r} = \frac{c_r}{2}$$

Para se garantir que a soma dos coeficientes c_{*k} permanecerá unitária, são necessárias as seguintes operações:

$$c_{*(r-1)} = c_{(r-1)} + \frac{c_r}{4},$$

$$c_{*(r+1)} = c_{(r+1)} + \frac{c_r}{4}.$$

No exemplo, são obtidas 20 séries de carregamento, cada uma delas gerada como a combinação do carregamento estático mais 11 componentes harmônicos de fases aleatórias.

O tempo total de análise pode ser definido como dado de entrada do programa criado. Indicam-se valores em torno de 600 s.

O cálculo da resposta estrutural é realizado por meio de um processo de integração de Newmark incremental, como descrito no Anexo B.

Obtido o valor do deslocamento máximo para cada série de carregamento, realiza-se uma análise estatística, arbitrando-se uma distribuição de Gauss. Calcula-se, então, o valor do deslocamento máximo característico, com índice de confiança de 95%, por meio da seguinte expressão:

$$u_{\text{máx}} = 1{,}65\sigma + \mu,$$

onde

σ é o valor do desvio padrão da série de valores máximos;
μ é a média da série de valores máximos.

8.7 EXEMPLO

8.7.1 Modelo estrutural adotado

A estrutura consiste de uma caixa-d'água de concreto apoiada sobre quatro pilares metálicos, como indica a figura a seguir. Os dados da estrutura são listados a seguir.

- O vento atua perpendicularmente à face A.
- $h = 10{,}00$ m.
- $h_1 = 10{,}00$ m.
- $b = 3{,}20$ m.
- Massa da caixa = 70.000 kg.
- Pilares com massa desprezível.
- Taxa de Amortecimento = 1%.
- Pilares com perfis metálicos soldados tipo CS250 × 52 atingido pelo vento na direção de menor inércia.

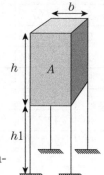

178

Introdução à dinâmica das estruturas para a engenharia civil

- Aço ASTM A36 com tensão de escoamento de 250 MPa.
- Módulo de elasticidade do aço: $E = 2,1 \cdot 10^{11}$ N/m².
- Momento de Inércia dos pilares: $I = 2.475$ cm⁴ $= 2,475 \cdot 10^{-5}$ m⁴.
- Raio de giração dos pilares: $i_y = 6,12$ cm $= 0,612$ m.

Pode-se obter as seguintes características estruturais.

- Rigidez elástica: $K = 2.494,8$ N/cm $= 2,495 \cdot 10^5$ N/m.
- Frequência natural: $f = 0,30$ Hz.
- Momento de plastificação total: $M_p = 7,516 \cdot 10^4$ Nm.
- Deslocamento elástico máximo: $u_{emáx} = 0,241$ m.
- Força elástica máxima: $F_{emáx} = 60.100$ N.

Caracterização do vento

- Velocidade característica: $V_0 = 45$ m/s.
- Coeficiente de arrasto da estrutura: $Ca = 0,8$.
- Altura do centro de rajada $= 15$ m.

Aplicando-se a formulação proposta pelo processo do vento sintético, podemos obter a Tabela 8.1 para construção dos harmônicos.

<table>
<tr><td colspan="9">Tabela 8.1
Ilustração da construção dos harmônicos</td></tr>
<tr><td>k</td><td>T_k (s)</td><td>n (Hz)</td><td>x</td><td>$\dfrac{n \cdot S(n)}{u_*{}^2}$</td><td>$C_k$</td><td>$c_k$ (%)</td><td>c_{k*} (%)</td><td>Δz_{ok} (m)</td></tr>
<tr><td>1</td><td>0,417</td><td>2,400</td><td>94,300</td><td>0,193</td><td>0,621</td><td>5,1</td><td>5,1</td><td>1,8</td></tr>
<tr><td>2</td><td>0,833</td><td>1,200</td><td>47,150</td><td>0,306</td><td>0,783</td><td>6,4</td><td>6,4</td><td>3,7</td></tr>
<tr><td>3</td><td>1,667</td><td>0,600</td><td>23,575</td><td>0,485</td><td>0,985</td><td>8,0</td><td>10,5</td><td>7,4</td></tr>
<tr><td>4</td><td>3,333</td><td>0,300</td><td>11,787</td><td>0,765</td><td>1,237</td><td>10,1</td><td>5,0</td><td>14,8</td></tr>
<tr><td>5</td><td>6,667</td><td>0,150</td><td>5,894</td><td>1,180</td><td>1,536</td><td>12,5</td><td>15,0</td><td>29,6</td></tr>
<tr><td>6</td><td>13,333</td><td>0,075</td><td>2,947</td><td>1,683</td><td>1,835</td><td>14,9</td><td>14,9</td><td>59,1</td></tr>
<tr><td>7</td><td>26,667</td><td>0,038</td><td>1,473</td><td>1,864</td><td>1,931</td><td>15,7</td><td>15,7</td><td>118,3</td></tr>
<tr><td>8</td><td>53,333</td><td>0,019</td><td>0,737</td><td>1,218</td><td>1,561</td><td>12,7</td><td>12,7</td><td>236,6</td></tr>
<tr><td>9</td><td>106,667</td><td>0,009</td><td>0,368</td><td>0,458</td><td>0,957</td><td>7,8</td><td>7,8</td><td>473,1</td></tr>
<tr><td>10</td><td>213,333</td><td>0,005</td><td>0,184</td><td>0,130</td><td>0,509</td><td>4,1</td><td>4,1</td><td>946,3</td></tr>
<tr><td>11</td><td>426,667</td><td>0,002</td><td>0,092</td><td>0,034</td><td>0,259</td><td>2,1</td><td>2,1</td><td>1892,6</td></tr>
</table>

8.7.2 Resposta estrutural

Aplicando-se o carregamento, segundo o processo descrito, e realizando a análise dinâmica incremental, podemos obter a resposta dinâmica da estrutura para as 20 séries de carregamentos. São apresentados, a seguir, os históricos de resposta (deslocamento horizontal da caixa-d'água) para uma dessas séries.

Primeiramente, considerando-se que o material se comporta de maneira elástica sempre, não importando a magnitude do carregamento, podemos obter a resposta representada na Figura 8.8.

É importante notar que se trata de uma situação completamente hipotética, pois, em certos instantes, o material estaria sujeito a tensões superiores à tensão de escoamento.

O gráfico apresentado na Figura 8.8 mostra que, a partir de certo tempo, atinge-se um regime permanente de vibração em torno do deslocamento que seria obtido aplicando-se o carregamento estático equivalente.

Todavia, quando se considera o comportamento elastoplástico do material, levando-se em consideração o aparecimento e o desaparecimento de rótulas plásticas, pode-se notar a ocorrência de um dano a cada vez que uma rótula é formada e, assim, a estrutura não vibra em torno de apenas uma configuração, como demonstra a Figura 8.9.

A análise estatística dos máximos deslocamentos, apresentados para as 20 séries de carregamentos, também demonstra as diferenças encontradas. Vide Tabela 8.2.

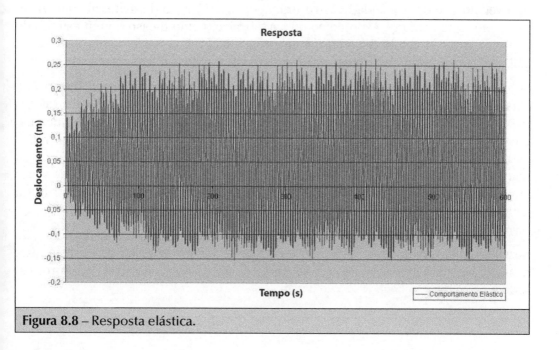

Figura 8.8 – Resposta elástica.

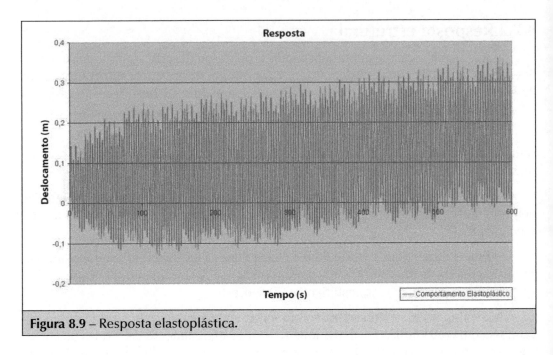

Figura 8.9 – Resposta elastoplástica.

8.7.3 Comentários

Os resultados finais apresentados permitem alguns comentários.

Primeiramente, deve-se salientar que, para edificações aporticadas de aço, o aproveitamento da capacidade estrutural após plastificação do material como meio de resistir a um esforço esporádico ou catastrófico, como o caso de um esforço de vento de grande magnitude, é perfeitamente justificável. O processo proposto neste trabalho constitui uma sistematização simples para aplicação em tais casos.

A característica estocástica do processo pode ser observada na Tabela 8.2. Quando se considera o comportamento estritamente elástico, a variação dos valores máximos, de uma série de carregamentos para outra, é pequena. No entanto, quando é considerado o comportamento elastoplástico do material os valores encontrados variam em uma gama muito maior. Isso se deve, principalmente, ao fato de que a maneira como são combinados os harmônicos influi fortemente no número de vezes em que surge ou desaparece uma rótula plástica, afetando, assim, o dano estrutural acumulado.

Destaca-se, finalmente, que a definição do chamado centro de rajada ainda não possui uma sistemática simples para aplicação, e a determinação da posição mais desfavorável para aplicação de carregamento constitui ponto passível de futuros estudos.

Tabela 8.2			
Valores máximos e propriedades estatísticas			
Comportamento elástico		Comportamento elastoplástico	
Série	Deslocamento (m)	Série	Deslocamento (m)
1	0,26	1	0,36
2	0,27	2	0,40
3	0,25	3	0,29
4	0,26	4	0,33
5	0,25	5	0,26
6	0,27	6	0,35
7	0,27	7	0,38
8	0,27	8	0,34
9	0,26	9	0,32
10	0,26	10	0,30
11	0,26	11	0,33
12	0,26	12	0,34
13	0,27	13	0,37
14	0,26	14	0,32
15	0,26	15	0,32
16	0,27	16	0,35
17	0,26	17	0,32
18	0,26	18	0,35
19	0,26	19	0,28
20	0,26	20	0,33
Média	0,2631	Média	0,3336
Desvio padrão 0,0054		Desvio padrão 0,0326	
Valor máximo caract. 0,2736		Valor máximo caract. 0,3975	

9. EFEITOS DINÂMICOS DO MOVIMENTO DE PESSOAS SOBRE ESTRUTURAS

9.1 INTRODUÇÃO

Em número crescente, têm surgido casos de construções em que o carregamento decorrente da movimentação de pessoas provoca vibrações danosas à estrutura ou, no mais das vezes, condições desagradáveis ao usuário. Este capítulo tem por base, principalmente, os trabalhos de Hugo Bachman e os códigos europeus sobre o assunto.

Essas vibrações são causadas por movimentos rítmicos do corpo humano, por exemplo, andar, correr, pular, dançar, bater palmas, bater pés etc. Já no passado, o fenômeno de vibrações de pontes induzidas pelo homem era conhecido, principalmente para pontes, quando tropas de soldados as atravessavam marchando. Há registros, não confirmados, de que algumas sofreram colapso por essa razão. Uma relação parcial de tipos de movimentos rítmicos e das estruturas que eles afetam está na Tabela 9.1.

A frequência dos movimentos rítmicos é muito importante na definição da carga dinâmica a usar na análise. Ela é considerada periódica, mas não simplesmente harmônica, em virtude do fato de que um grupo de pessoas podem se movimentar fora de fase, podendo criar carregamentos com superposição de harmônicos (frequências múltiplas da frequência fundamental do movimento).

Primeiro, examina-se o caso de uma única pessoa andando. Estudos feitos indicam que as passadas variam entre 1,5 e 2,5 Hz, com valor médio de referência de 2,0 Hz. A frequência para corrida normal de fundo é de 2,4 a 2,7 Hz, podendo chegar a 5 Hz para corrida rasa. Em passarelas públicas não se chega a esse valor. A velocidade de deslocamento (v) de uma pessoa andando ou correndo é função da frequência (f) e do comprimento da passada (L) como sugerido na Tabela 9.2.

184 Introdução à dinâmica das estruturas para a engenharia civil

Tabela 9.1
Movimentos rítmicos do corpo e tipos de estruturas por eles afetadas.
Fonte: Bachman *et al* (1995)

Movimento rítmico do corpo humano	Tipo de estruturas afetadas
Andar	Passarelas
Correr	Prédios de escritórios
Pular	Ginásios de esportes e academias
Dançar	Salões sem assentos fixos
Bater palmas em pé	Teatros e auditórios com assentos fixos
Bater palmas somente	Teatros e auditórios com assentos fixos
Oscilações laterais em pé ou sentado	Plataformas para saltos

Tabela 9.2
Relação entre frequência, velocidade e comprimento de passadas.
Fonte: Bachman *et al* (1995)

Atividade	f (Hz)	v (m/s)	L (m)
Andar lento	1,7	1,1	0,60
Andar normal	2,0	1,5	0,75
Andar rápido	2,3	2,2	1,00
Correr normal	2,5	3,3	1,30
Correr rápido	3,2	5,5	1,75

O usuário andando mantém sempre contato de um de seus pés, pelo menos, com o solo, o que não ocorre quando está correndo. Uma representação da variação da carga dinâmica de uma pessoa andando em função do tempo é mostrada na Figura 9.1.

Passa-se, agora, para o caso real da interação de várias pessoas. Começa-se por considerar a densidade delas em certo ambiente. Como exemplo, em uma passarela o número de pessoas que pode circular sem se incomodarem mutuamente é da ordem de 1,6 a 1,8 pessoas por metro quadrado, o que corresponde a aproximadamente 1,1 a 1,4 kN/m^2, valor bem abaixo da sobrecarga estática de norma que é de 5 kN/m^2.

Outro fenômeno bastante interessante é que, se os usuários de uma passarela, por exemplo, sentirem vibrações perceptíveis da estrutura, eles tendem a sincronizar seus movimentos com essa vibração, causando efeitos ainda mais intensos. Quem já atravessou passarelas pênseis sem vigas de enrijecimento deve ter notado que é

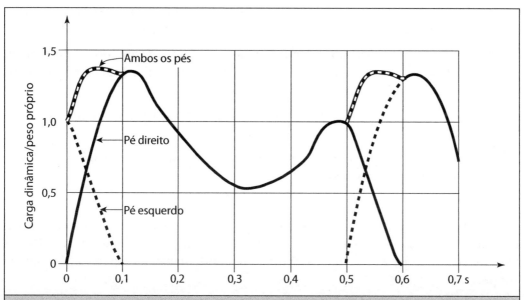

Figura 9.1 – Variação da carga dinâmica de uma pessoa andando em função do tempo.
Fonte: Bachman et al (1995).

impraticável andar no ritmo normal sem acompanhar a frequência da vibração. Esse efeito foi também registrado em estádios de futebol, como o do Morumbi, em São Paulo, onde se verificou, experimentalmente, que a torcida acaba pulando em ressonância com as vibrações da estrutura.

Para tratar problemas de vibrações induzidas por pessoas para estruturas em projeto ou existentes, três linhas de ações são recomendadas ao engenheiro estrutural:

1. sintonização da estrutura;
2. cálculo da resposta às vibrações forçadas;
3. introdução de controles passivos e/ou ativos.

9.2 SINTONIZAÇÃO DA ESTRUTURA

A primeira ideia, e a mais óbvia, é a sintonização da estrutura. Nesse processo, faz-se o cálculo ou medição de suas frequências mais baixas e comparação dessas com as frequências usuais dos movimentos humanos próprios daquele ambiente. A seguir, se necessário, procura-se mudar as características de rigidez e/ou massa para afastar as frequências da estrutura das da excitação. Alguns critérios para tanto são formulados a seguir.

186 Introdução à dinâmica das estruturas para a engenharia civil

- Passarelas: evitar frequências do $1°$ (e no caso de baixo amortecimento, igual ou menor a 1%, também do $2°$) harmônico para andar, entre 1,6 e 2,4 Hz.

- Edifícios de escritório: fixar frequências próprias acima do $2°$ harmônico (para amortecimento acima de 5%) ou do $3°$ harmônico (para amortecimento abaixo de 5%) para andar.

- Ginásios e academias: fixar frequências próprias acima do $2°$ harmônico para pular com 3,4 Hz.

- Salões de dança e auditórios sem lugares fixos: mais alto que o $2°$ harmônico para dançar com 3,0 Hz.

Teatros e auditórios com lugares fixos: a) para concertos clássicos ou música popular *soft*, mais alto que o primeiro harmônico para bater palmas com 3,0 Hz; b) para música popular *hard*, mais alto que o segundo harmônico para bater palmas em pé.

Além disso, o tipo de material e de estruturação tem de ser levado em conta. Assim, por exemplo, estruturas de aço são mais sujeitas a vibrações que as de concreto. Isso é especialmente verdadeiro no caso de pavimentos com grande número de atletas ou dançarinos gerando energia a ser absorvida pelo amortecimento estrutural.

A Tabela 9.3, dá uma ideia dos limites recomendados.

Tabela 9.3 **Limites inferiores de frequência naturais de estruturas recomendados (Hz).** **Fonte: Bachman *et al* (1995).**				
Tipo de construção	Concreto armado	Concreto protendido	Estrutura composta	Aço
Passarelas	> 1,6 – 2,4	> 1,6 – 2,4	> 3,5 – 4,5	> 3,5 – 4,5
Prédio de escritórios	> 4,8	> 4,8	> 7,2	> 7,2
Ginásios de esportes	> 7,5	> 8,0	> 8,5	
Salões de dança	> 6,5	> 7,0	> 7,5	> 8,0
Teatros clássicos	> 3,4	> 3,4	> 3,4	> 3,4
Teatros *hard*	> 6,5	> 6,5	> 6,5	> 6,5

9.3 CÁLCULO DA RESPOSTA ÀS VIBRAÇÕES FORÇADAS

Para a modelagem das forças dinâmicas devidas ao movimento de pessoas sobre estruturas, que se admitem serem periódicas, adota-se uma expressão do tipo Fourier na forma:

$$F(t) = G[1 + \alpha_1 \operatorname{sen}(2\pi f_p t) + \alpha_2 \operatorname{sen}(4\pi f_p t - \varphi_2) + \alpha_3 \operatorname{sen}(6\pi f_p t - \varphi_3) + \ldots]$$

onde

f_p = frequência fundamental da excitação;
G = peso da(s) pessoa(s) em movimento;
α_i = proporção do peso total correspondente a cada harmônico;
φ_i = fase de um harmônico em relação ao primeiro.

Os valores sugeridos para os coeficientes dessa fórmula para cada tipo de movimento do corpo humano estão listados na Tabela 9.4, a seguir.

Tabela 9.4 Valores sugeridos para os coeficientes de força dinâmica. Valores dos parâmetros para projeto com atividades padronizadas (CEB-209/91).									
Atividades	Modo	(Hz)	α_1	ϕ_1	α_2	ϕ_2	α_3	ϕ_3	Densidade de projeto (pessoas/m²)
Andar	Na vertical	2 2,4	0,4 0,5		0,1	$\pi/2$	0,115	$\pi/2$	~ 1
	Para frente	2	0,2 $\alpha_{1/2} = 0,1$		0,1				
	Lateralmente	2	$\alpha_{1/2} = 0,1$		$\alpha_{3/2} = 0,1$				
Correr		2,0 a 3,0	1,6		0,7		0,2		
Pular	Normal	2	1,8		1,3		0,7		Em treino de condicionamento ~ 0,25
		3	1,7		1,1	A	0,5	A	(casos extremos até 0,5)
	Alto	2	1,9		1,6		1,1		
		3	1,8		1,3		0,8		A $\phi_2 = \phi_2 = \pi(1 - f_p t)$
Dançar		2,0 a 3,0	0,5		0,15		0,1		~ 4 (casos extremos até 6)
Bater palmas em pé Pulando		1,6	0,17		0,1		0,04		Sem assentos fixos ~ 4
		2,4	0,38		0,12		0,02		(em casos extremos até ~ 6) Com assentos fixos ~ 2 a 3
Bater palmas sentado	Normal	1,6 2,4	0,024 0,047		0,01 0,024		0,009 0,015		~ 2 a 3
	Intensamente	2	0,17		0,047		0,037		
Balanço lateral do corpo	Sentado	0,6	$\alpha_{1/2} = 0,4$						~ 3 a 4
	Em pé	0,6	$\alpha_{1/2} = 0,5$						

onde: α = coeficiente de Fourier; ϕ = ângulo de fase.

9.4 EXEMPLO COMPLETO

Considere-se, agora, uma passarela hipotética, com largura de 2,5 m e vão $L = 25$ m. O piso é uma laje de concreto pré-moldado de 14 cm de espessura média (massa de 875 kg/m), apoiada livremente em duas vigas de aço longitudinais, uma de cada lado, VS 700 × 300 mm, 150 kg/m cada viga. A carga dinâmica que irá se considerar será devida a uma pessoa por metro quadrado (ver Tabela 9.4), com massa individual de 80 kg.

A laje de concreto será considerada na determinação da massa, mas não na rigidez, na qual só serão consideradas as vigas. Assim, tem-se uma massa distribuída aproximada de $m = 1.375$ kg/m, incluindo a massa das pessoas ($2,5 \times 80$ kg). O momento de inércia somado das duas vigas é $I = 351.302$ cm^4 e o módulo de elasticidade $E = 210$ GPa. Considera-se taxa de amortecimento de 2%.

A partir desses dados, considerando apenas o primeiro modo de vibração (exato, para uma viga prismática bi apoiada)

$$\phi(x) = \text{sen}\left(\frac{\pi x}{L}\right),$$

é possível gerar um modelo de um grau de liberdade equivalente, cuja frequência de vibração é

$$\omega = \pi^2 \sqrt{\frac{EI}{mL^4}} = 11,57 \text{ rad/s} \qquad f = 1,84 \text{ Hz},$$

bastante próxima da frequência de uma pessoa andando (2 Hz). Pode-se chegar a esse resultado com a massa e a rigidez modais obtidas pelo Método de Rayleigh:

$$M = m\int_0^L \phi^2 \, dx = \frac{mL}{2} = 17.187,5 \text{ kg}$$

$$K = EI\int_0^L (\phi'')^2 dx = \frac{\pi^4 EI}{2L^3} = 2.299.606 \text{ N/m},$$

onde os dois traços à direita significam derivada segunda em x.

A carga distribuída é $g = 2.000$ N/m (2,5 pessoas por metro) e a carga modal equivalente é, ainda pelo Método de Rayleigh,

$$G = g\int_0^L \phi \, dx = \frac{2gL}{\pi} = \frac{2 \times 2.000 \times 25}{\pi} = 31.830,9 \text{ N}.$$

Consultando a Tabela 9.4, obtém-se, para a atividade de andar, os seguintes coeficientes de Fourier e respectivas fases, para os três primeiros harmônicos:

$$\alpha_1 = 0{,}4 \quad \varphi_1 = 0$$
$$\alpha_2 = 0{,}1 \quad \varphi_2 = \pi/2$$
$$\alpha_3 = 0{,}1 \quad \varphi_3 = \pi/2$$

A seguir, monta-se uma planilha de cálculo, resultando o gráfico da Figura 9.2, que mostra o histórico da carga dinâmica equivalente em um tempo de seis segundos. É bom notar que, é claro, essa carga se dá para baixo (no sentido da gravidade).

Com os valores dessa planilha em mãos, pode-se realizar a integração numérica da equação do movimento de um grau de liberdade, utilizando, por exemplo, o Método de Newmark (ver Anexo B). A Figura 9.3 mostra a resposta transiente correspondente aos primeiros seis segundos. Mais uma vez, é bom notar que, é claro, os deslocamentos máximos são para baixo (no sentido da gravidade). Dá para notar, também, que depois de cerca de dez ciclos, atinge-se um regime permanente com amplitude menor que o máximo registrado no transiente.

Na Figura 9.4, apresenta-se o gráfico da aceleração no mesmo período de tempo. Pode-se notar que as acelerações no regime permanente atingem valores perto de 0,4 g, que são intoleráveis pelo ser humano andando normalmente (Figura 9.7).

Uma correção possível nessa passarela é a introdução de controle passivo de vibrações, por meio de um TMD (absorvedor de vibrações, *tunned mass damper*, em inglês) no centro do vão, constituído de duas massas suspensas por molas e amortecedores no interior dos perfis de aço. Uma sugestão seria a colocar duas massas de 200 kg

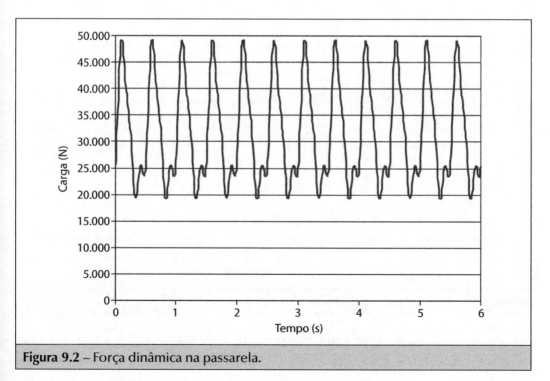

Figura 9.2 – Força dinâmica na passarela.

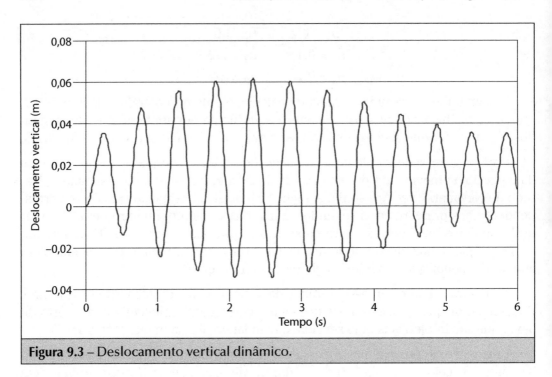

Figura 9.3 – Deslocamento vertical dinâmico.

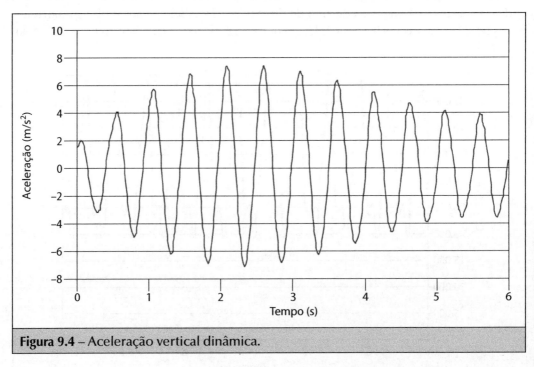

Figura 9.4 – Aceleração vertical dinâmica.

sobre molas com rigidez de 26.450 N/m (de cada lado) e amortecedores com amortecimento em torno de 9%. Esse sistema isolado tem praticamente a mesma frequência da passarela. Estudando o sistema de dois graus de liberdade resultante, verifica-se considerável diminuição dos deslocamentos e das acelerações, conforme Figuras 9.5 e 9.6.

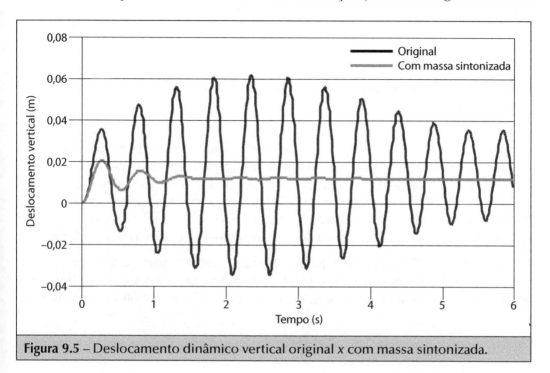

Figura 9.5 – Deslocamento dinâmico vertical original x com massa sintonizada.

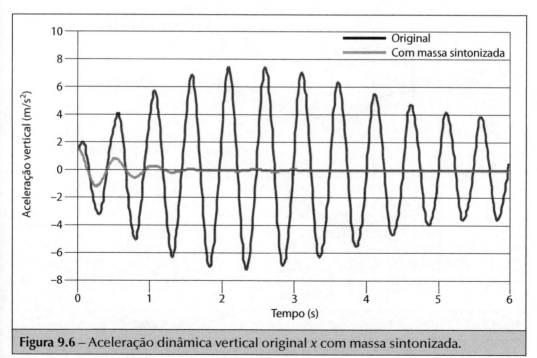

Figura 9.6 – Aceleração dinâmica vertical original x com massa sintonizada.

Vale ressaltar que o objetivo do presente exemplo é fazer uma análise do estado limite de serviço, envolvendo a questão das vibrações em passarelas de pedestres, verificando-se o conforto dos usuários, e não realizar uma análise no estado limite último para o dimensionamento estrutural da carga máxima atuante na passarela.

9.5 COMENTÁRIOS SOBRE AS NORMAS EXISTENTES

A norma NBR 7188:1982 – Carga móvel em ponte rodoviária e passarela de pedestre – preconiza um valor para carga de multidão sobre passarelas no valor de 5 kN/m². Ao se considerar essa carga, não é necessário o cálculo do efeito dinâmico do movimento de pessoas. Entretanto, é válido ressaltar que a análise daquela norma é para o estado limite último e, como já citado, o objetivo do presente capítulo é fazer uma análise do estado limite de serviço, verificando-se o conforto dos usuários.

A NBR 6118:2003 fixa os requisitos básicos exigíveis para projeto de estruturas em concreto simples, armado e protendido. Além disso, estabelece os requisitos gerais a serem atendidos pelo projeto como um todo, bem como os requisitos es-

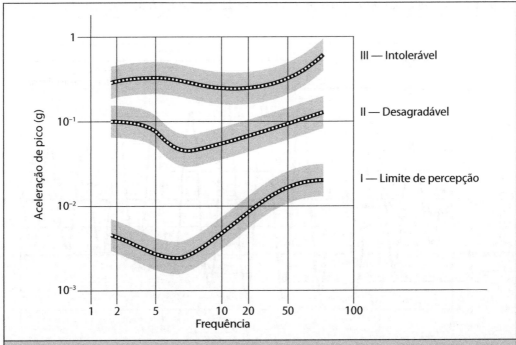

Figura 9.7 - Critérios de tolerância às vibrações. *Fonte: Shock and vibration handbook, (1987).*

Efeitos dinâmicos do movimento de pessoas sobre estruturas

pecíficos relativos a cada uma de suas etapas. Visando a assegurar comportamento satisfatório das estruturas sujeitas a vibrações, recomenda afastar o máximo possível a frequência própria da estrutura (f) da frequência crítica (f_{crit} – Tabela 8.4), entretanto um valor mínimo admissível sugerido é de $f/f_{crit} > 1,2$.

A NBR 8800:2008 estabelece que nenhum piso destinado à utilização de pessoas possua uma frequência natural de vibração menor que 3 Hz. No caso de pisos nos quais exista um significativo fluxo de pessoas, esse valor deve ser maior que 4 Hz e, em estádios e academias, o valor mínimo deve ser de 5 Hz.

O CEB 209/1991 – Problemas de vibrações em estruturas – estipula que para uma frequência crítica de 2 Hz, os valores toleráveis da aceleração vertical ficam entre 0,43 e 0,7 m/s^2.

10. EFEITO DE SISMOS SOBRE ESTRUTURAS

10.1 INTRODUÇÃO

Neste capítulo, estudam-se os elementos mínimos para análise dinâmica de estruturas sob efeito de sismos.

É de conhecimento geral que os sismos registrados no Brasil, até o momento, têm sido de intensidade reduzida e pouco efeito destrutivo. Mesmo assim, a capacitação do engenheiro estrutural brasileiro para análises desse tipo de fenômeno é importante, por ter ele oportunidade de atuar em projetos nos países da América Latina ao longo da costa do Oceano Pacífico, onde esse efeito é de importância fundamental. Também surgem no Brasil, de vez em quando, problemas de sismos induzidos por detonações de explosivos utilizados no desmonte comercial de rochas nas imediações de edificações.

O objeto do projeto levando em conta sismos é, essencialmente, minimizar danos e preservar a vida humana, mesmo nos casos mais severos. Especificamente, deseja-se que as estruturas:

1. resistam a terremotos leves sem dano nenhum;

2. resistam a terremotos moderados com dano estrutural insignificante e com certo dano não estrutural;

3. não colapsem sob ação de sismos severos.

Em casos especiais, as estruturas essenciais para a segurança e bem-estar públicos em casos de emergência, como hospitais, quartéis de bombeiros etc., devem ser projetadas com o critério de que permaneçam funcionando durante e depois de um terremoto severo.

196

Introdução à dinâmica das estruturas para a engenharia civil

As solicitações sísmicas a serem consideradas no projeto de uma construção são proporcionais ao seu peso e a fatores que são função de:

a. importância da estrutura;

b. intensidade usual de sismos na região da obra;

c. características do subsolo em que se faz a fundação;

d. características de resistência e ductibilidade da estrutura;

e. período de vibração da estrutura, ou do modo considerado.

Quanto à importância das construções, elas podem ser agrupadas, genericamente, como se segue.

- Grupo A – importantíssimas, como hospitais, usinas elétricas, quartéis de bombeiros, centrais de telecomunicações, terminais de transportes etc.

- Grupo B – indústria e comércio, habitações, hotéis etc.

- Grupo C – sem importância.

É adotado um fator multiplicador da intensidade do sismo, que diminui em valor do primeiro para o último desses grupos.

No que diz respeito à intensidade usual de sismos na região, é necessário dispor-se de mapas que dividam o país em zonas de severidade de sismos, começando com as zonas de baixa sismicidade, Zona A, por exemplo, e terminando com zonas de máxima sismicidade, as zonas D, por exemplo. Tais mapas são encontrados nas normas dos países onde terremotos são de importância para o projeto como os Estados Unidos, México, Colômbia etc. Também no caso do Brasil existe zoneamento normalizado, como se verá.

O subsolo no local da construção também é classificado quanto a sua rigidez, começando por um tipo I, por exemplo, de maior rigidez, até um tipo III, por exemplo, para argilas moles muito compressivas. É adotado um fator multiplicador da intensidade do sismo, que cresce em valor do primeiro para o último desses tipos.

As características de rigidez e de ductibilidade da estrutura são de muita importância, isto é, o material de que são feitas, se aporticadas ou não, se travadas ou não, se são torres, se são muros etc. Um fator divisor da intensidade do sismo é especificado para cada tipo de estrutura. Muitas vezes, é economicamente inviável fazer com que uma estrutura seja capaz de resistir sem dano a um terremoto. O que se quer, nesses casos, é que ela não desabe e cause perdas humanas. Daí vem a importância de classificar a ductibilidade da estrutura, isto é, sua capacidade de sofrer grandes deformações sem ruína. Assim, uma estrutura de aço é mais dúctil que uma de concreto etc.

Efeito de sismos sobre estruturas

Todos esses aspectos devem ser levados em conta no projeto contra sismos.

Quanto ao método de análise, têm-se as seguintes opções:

- método simplificado. Pode ser adotado para estruturas de pequena altura, até 13 m;

- método de forças estáticas equivalentes, que pode ser adotado para estruturas de altura média, entre 13 m e 60 m;

- método dinâmico modal espectral, para todas as estruturas;

- integração passo a passo, para comportamentos complexos, não lineares.

Neste Capítulo, será abordado o método dinâmico modal espectral, de fácil implementação em programas comerciais de análise estrutural, e o método das forças estáticas equivalentes, constantes da maioria das normas.

10.2 RESPOSTA DE ESTRUTURAS SIMPLES A TERREMOTOS

Inicia-se com um modelo de 1 grau de liberdade com movimento das fundações como o que foi proposto no Capítulo 2, reproduzido aqui na Figura 10.1.

Como se está supondo que nenhuma outra força está sendo aplicada, a EDO fica

$$M\ddot{u} + C\dot{u} + Ku = P(t) = -M\ddot{u}_s,$$

ou seja, tudo se passa como se fosse aplicada à massa suspensa uma força de intensidade igual ao valor dessa massa multiplicado pelo histórico das acelerações do solo.

Dividindo-se a EDO pela massa, tem-se

$$\ddot{u} + 2\zeta\omega\dot{u} + \omega^2 u = -\ddot{u}_s.$$

Históricos de acelerações de terremotos intensos têm sido registrados, como o famoso terremoto de El Centro, na Califórnia, ocorrido em 18 de maio de 1940. O acelerograma da componente de movimento horizontal na direção norte–sul é mostrado na Figura 10.2, junto com a velocidade e o deslocamento obtidos por integração numérica do sinal da aceleração.

A resposta de um modelo simples como o da Figura 10.1 pode ser calculada para qualquer sinal como esse ao longo do tempo. Em particular, é de interesse para o engenheiro o máximo deslocamento, digamos U, a partir do qual se pode calcular a máxima força elástica, obtido de um Espectro de Projeto ou de Resposta Elástica.

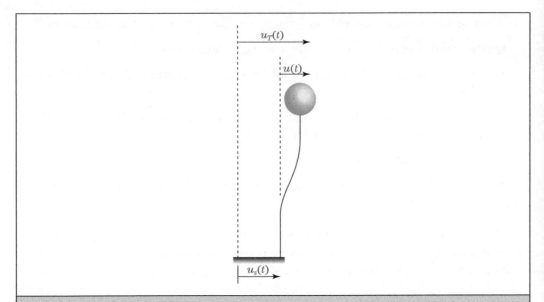

Figura 10.1 – Comportamento de um sistema de 1 grau de liberdade sujeito à ação de sismos.

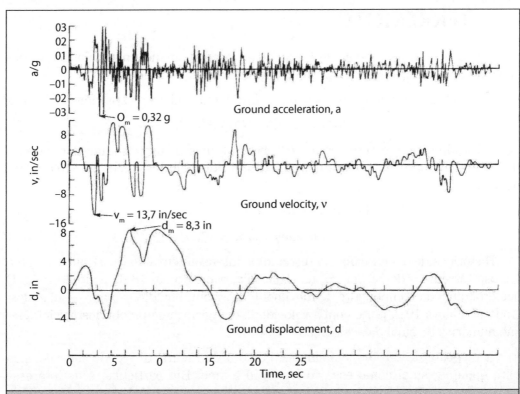

Figura 10.2 – Terremoto de El Centro, 18 de maio de 1940, componente norte–sul.
Fonte: Clough & Penzien (1993).

Efeito de sismos sobre estruturas

A geração de um Espectro de Projeto ou de Resposta Elástica pode ser entendida fisicamente da forma que segue.

1. Adota-se uma taxa de amortecimento para o modelo.
2. Faz-se variar, em passos pequenos, a frequência (ou período) natural do modelo.
3. Para cada passo, isto é, para cada frequência (ou período), obtém-se a resposta do modelo ao longo do tempo para todo o acelerograma de entrada.
4. Para cada passo, pesquisa-se, no histórico de resposta, o valor da aceleração máxima.
5. Desenha-se um gráfico dando esse valor máximo para cada frequência (ou período) natural do modelo. Esse gráfico é o Espectro de Resposta Elástica para uma dada taxa de amortecimento.
6. Repete-se o processo para outra taxa de amortecimento.

Esses espectros são fornecidos pelas diversas normas de projeto e várias versões deles já estão disponíveis nos programas comerciais de análise estrutural. A seguir, são mostrados, nas Figuras 10.3 a 10.7, os espectros obtidos (pelos autores) para o terremoto de 1940 em El Centro, para taxas de amortecimento ζ = (0; 2%; 5%; 10%). Deve-se notar que a aceleração máxima do solo, nesse terremoto, foi da ordem de 0,32 g (3,2 m/s^2).

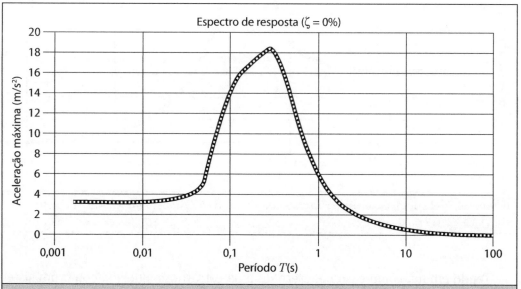

Figura 10.3 – Espectro de resposta da aceleração (El Centro, 1940) – ζ = 0%. *Fonte: Autores.*

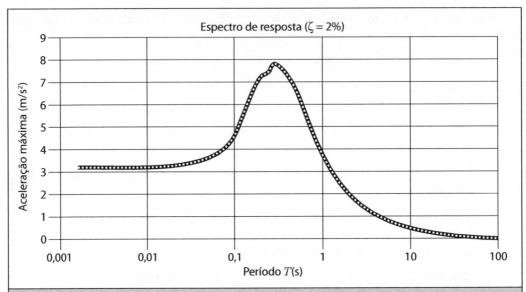

Figura 10.4 – Espectro de resposta da aceleração (El Centro-1940) – $\zeta = 2\%$. Fonte: Autores.

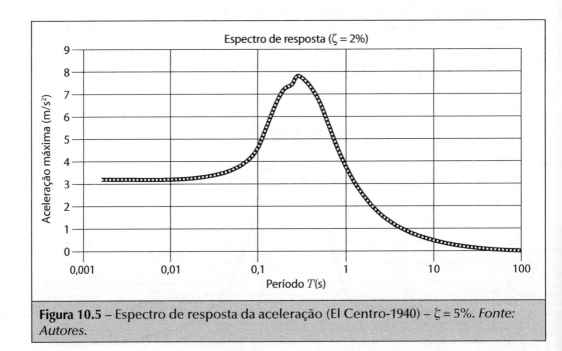

Figura 10.5 – Espectro de resposta da aceleração (El Centro-1940) – $\zeta = 5\%$. Fonte: Autores.

Tendo em mãos um caso concreto de uma estrutura modelada como um sistema de um grau de liberdade, com uma determinada frequência (período) e taxa de amortecimento, consulta-se o espectro adequado e, dele, retira-se a máxima acele-

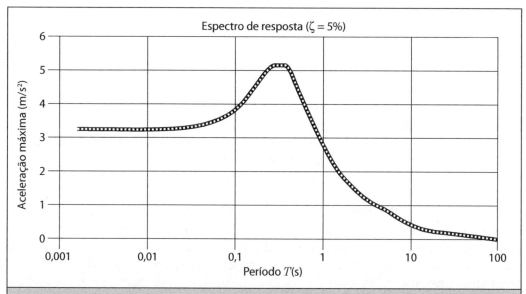

Figura 10.6 – Espectro de resposta da aceleração (El Centro-1940) – $\zeta = 10\%$. *Fonte: Autores.*

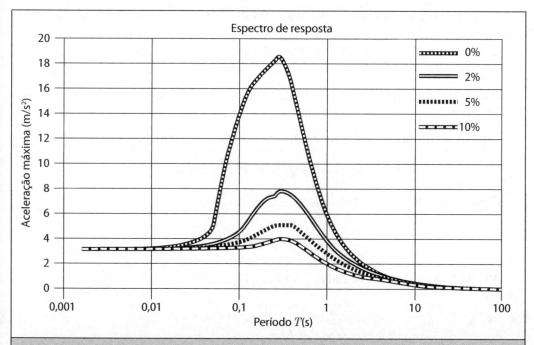

Figura 10.7 – Espectros de resposta da aceleração (El Centro-1940) – $\zeta = 0\%$, 2%, 5% e 10%. *Fonte: Autores.*

202

Introdução à dinâmica das estruturas para a engenharia civil

ração, denominada $\ddot{U}$. A partir desse valor, pode-se calcular a máxima velocidade, o máximo deslocamento e a máxima força elástica, na forma:

$$\dot{U} = \frac{1}{\omega}\ddot{U} \qquad U = \frac{1}{\omega^2}\ddot{U} \qquad F = M\ddot{U}.$$

Vale notar alguns aspectos comuns a todos os Espectros de Resposta. Um sistema com baixa frequência (e períodos longos) tem massa grande e rigidez pequena, relativamente. Quando o solo se move rapidamente, a massa quase não se movimenta e, em consequência, a aceleração máxima tende a zero, na parte direita dos espectros (períodos longos). Ainda nesse caso, a máxima deformação da mola tende a ser igual ao máximo deslocamento do solo. Por outro lado, um sistema com frequências muito altas (e períodos muito curtos), tem rigidez alta e massa pequena, relativamente. Assim, quando o solo se move, a massa é forçada a mover-se junto, adquirindo quase a mesma aceleração que a do solo. Isso é mostrado pelo fato de o espectro ter valores tendendo ao valor da aceleração máxima do solo para a esquerda do espectro (períodos curtos).

Exemplo 10.1

Considere uma caixa-d'água de massa total de dez toneladas, no topo de um pilar de concreto, $f_{ck} = 25$ MPa, de seção quadrada de lados $a = 20$ cm, altura $L = 3$ m e massa desprezível. Determinar o máximo deslocamento horizontal da caixa sob efeito de sismo análogo ao de 1940 em El Centro. Adotar taxa de amortecimento $\xi = 5\%$.

Para efeito de estudo, essa estrutura pode ser considerada como tendo um único grau de liberdade, o deslocamento horizontal.

O módulo de elasticidade do concreto adotado, segundo a NBR 6118: 2003 é

$$E_c = 5.600\sqrt{f_{ck}} = 28.000 \text{ MPa.}$$

O momento de inércia da seção quadrada é

$$I = \frac{a^4}{12} = \frac{4}{3} \times 10^{-4} \text{ m}^4.$$

A rigidez de um pilar em balanço como este, na direção horizontal, vale:

$$K = \frac{3EI}{L^3} = \frac{56 \times 10^6}{135} = 414.814,815 \text{ N/m.}$$

Pode-se, assim, calcular a frequência fundamental da estrutura

$$\omega^2 = \frac{K}{M} = \frac{56 \times 10^6}{135 \times 10^4} \qquad f = 1,025 \text{ Hz} \qquad T = 0,976 \text{ s.}$$

Efeito de sismos sobre estruturas

203

Consultando o espectro de resposta para a taxa de amortecimento 0,05 e para esse período natural da estrutura, obtém-se aceleração máxima $\ddot{U}$ = 3 m/s², correspondendo ao deslocamento máximo:

$$U = \frac{1}{\omega^2}\ddot{U} = 7,23 \text{ cm},$$

o que leva a uma força cortante máxima de 29,99 kN, resultando um momento fletor máximo de 89,97 kNm. A força normal na base é 98,10 kN. Com esses números, pode-se verificar o dimensionamento do pilar.

10.3 MODELOS COM VÁRIOS GRAUS DE LIBERDADE

Analisa-se, aqui, o caso de modelos de vários graus de liberdade, porém sempre com matrizes de massa do tipo *lumped*, isto é, só tendo a diagonal principal não nula. Esse é o caso, por exemplo, dos edifícios tipo *shear building*, que modelam bem a maioria dos edifícios altos. Também é o caso do padrão de programas comerciais de Elementos Finitos, que normalmente se utilizam desse tipo de matriz de massas.

Recorda-se, aqui, a sequência de trabalho de uma análise dinâmica de uma estrutura discretizada em n graus de liberdade por superposição modal, para o caso particular de excitação de suportes (sismos), caracterizada por um histórico de aceleração do solo $\ddot{u}_s$.

Passo 1: Equações do Movimento.

Determinam-se as equações do movimento nas coordenadas físicas u:

$$\boldsymbol{M\ddot{u} + C\dot{u} + Ku = p = - M\ddot{u}_s}$$

Passo 2: Determinação das frequências e modos de vibração livre.

Resolve-se

$$\boldsymbol{[K - \omega^2 M]\hat{u} = 0}$$

e obtém-se as frequências ω_r (r =1 até n) e a matriz modal Φ.

Passo 3: Determinação das massas modais e carregamentos modais.

Para cada modo r, determina-se a massa modal e a carga modal.

$$M_r = \phi_r^T \boldsymbol{M} \phi_r = \sum_{i=1}^{n} m_i \phi_{ir}^2, \qquad p/r = 1,...n$$

$$P_r = \phi_r^T \boldsymbol{p} = -\ddot{u}_s \sum_{i=1}^{n} m_i \phi_{ir}$$

Passo 4: Escrever as Equações do Movimento desacopladas.

Para cada modo r, determina-se

$$\ddot{y}_r + 2\xi_r \omega_r \dot{y}_r + \omega_r^2 y_r = P_r/M_r$$

neste caso de sismos,

$$\ddot{y}_r + 2\xi_r \omega_r \dot{y}_r + \omega_r^2 y_r = -\ddot{u}_s \frac{\sum_{i=1}^{n} m_i \phi_{ir}}{\sum_{i=1}^{n} m_i \phi_{ir}^2}.$$

Passo 5: Determinação da resposta em cada modo.

Nesse passo, aplica-se o que se sabe de análise dinâmica de sistemas de um grau de liberdade. Cada equação modal corresponde a um vibrador de 1 grau de liberdade para o qual já se tem soluções analíticas fechadas ou pode-se integrar numericamente no tempo. Mais ainda, no caso de sismos, sabe-se que a resposta máxima, para cada modo, pode ser retirada de espectros de resposta elástica definidos para o caso de sistemas de 1 grau de liberdade. Mais explicitamente, o deslocamento máximo para cada modo sai em função da aceleração máxima de resposta daquele modo:

$$U_r = \frac{1}{\omega_r^2} \ddot{U}_r \frac{\sum_{i=1}^{n} m_i \phi_{ir}}{\sum_{i=1}^{n} m_i \phi_{ir}^2}$$

Passo 6: Determinação da resposta máxima nas coordenadas físicas do problema.

Conhecidas as respostas máximas nas coordenadas modais, encontra-se a resposta máxima nas coordenadas físicas por superposição. Entretanto, como não é razoável que as respostas máximas de cada modo sejam atingidas simultaneamente, usa-se a regra da raiz quadrada da soma dos quadrados das respostas máximas modais:

$$U = \sqrt{\sum_{r=1}^{k} U_r^2},$$

onde k é o número de modos retidos na solução. Em muitos casos, basta o primeiro modo para se ter uma resposta adequada.

Exemplo 10.2

Admita-se o modelo da Figura 10.8, adaptado de Clough e Panzien (1993), de um edifício sujeito a um movimento das fundações na direção horizontal $u_s = u_s(t)$. Os pavimentos têm rigidez muito grande em relação às colunas, e essas são consideradas inextensíveis (*shear building*). São dados: módulo de elasticidade do material $E = 1,0$ GPa; seção de uma coluna no último lance 30×30 cm.

Têm-se as matrizes

$$\boldsymbol{M} = \begin{bmatrix} 1,0 & 0 & 0 \\ 0 & 1,5 & 0 \\ 0 & 0 & 2,0 \end{bmatrix} \text{t}$$

$$\boldsymbol{K} = 600 \begin{bmatrix} 1,0 & -1,0 & 0 \\ -1,0 & 3,0 & -2,0 \\ 0 & -2,0 & 5,0 \end{bmatrix} \text{kN/m}$$

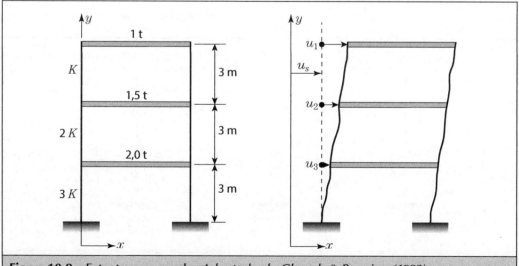

Figura 10.8 – Estrutura exemplo. *Adaptado de Clough & Penzien (1993).*

e as frequências

$$\omega = \begin{pmatrix} 14,5217 \\ 31,0477 \\ 46,0995 \end{pmatrix} \text{rad/s}$$

e correspondente matriz modal:

$$\Phi = \begin{bmatrix} 1,000 & 1,000 & 1,000 \\ 0,644 & -0,601 & -2,57 \\ 0,300 & -0,676 & 2,47 \end{bmatrix}$$

cujas colunas são os modos normais, que podem ser visualizados na Figura 10.9.

Consultando o Espectro de Resposta para taxa de amortecimento 0,05, para as frequências desses modos, obtém-se:

1º modo

$\omega 1$	ω_1^2	f_1 (Hz)	Acel. Máx.	C_1	$U_{máx}$
14,5	210,25	2,307747	4,9214	1,423891	0,03333
m_i		u_{j1}	$m_i \cdot u_{ji}$	$m_i \cdot u_{ji}^2$	$u_{j1} \cdot U_{máx}$
1		1	1	1	0,03333
1,5		0,644	0,966	0,622104	0,021464
2		0,3	0,6	0,18	0,009999
ε			2,566	1,802104	

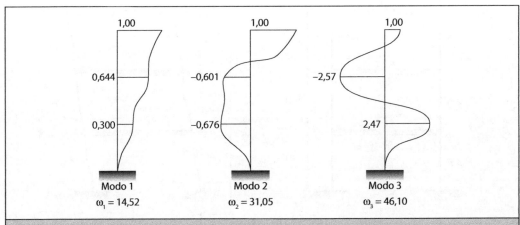

Figura 10.9 – Modos de vibração. *Fonte: Clough & Penzien (1993).*

Efeito de sismos sobre estruturas

2° modo

ω_2	ω_2^2	f_2 (Hz)	Acel. Máx.	C_2	$U_{máx}$
31,1	967,21	4,949719	4,8145	-0,510434	-0,002540
m_i		u_{j1}	$m_i \cdot u_{ji}$	$m_i \cdot u_{ji}^2$	$u_{j1} \cdot U_{máx}$
1		1	1	1	–0,002540
1,5		–0,601	–0,9015	0,541802	0,001527
2		–0,676	–1,3520	0,913952	0,001717
ε			–1,2535	2,455754	

3° modo

ω_3	ω_3^2	f_3 (Hz)	Acel. Máx.	C_3	$U_{máx}$
46,1	2125,21	7,337043	4,2593	0,090224	0,000181
m_i		u_{j1}	$m_i \cdot u_{ji}$	$m_i \cdot u_{ji}^2$	$u_{j1} \cdot U_{máx}$
1		1	1	1	0,000181
1,5		-2,57	-3,855	9,90735	-0,000460
2		2,47	4,94	12,2018	0,000447
ε			2,085	23,10915	

Os deslocamentos máximos finais são:

$u_{máx}$	**metros**
u_1	0,03343
u_2	0,02152
u_3	0,01016

Vale notar que o primeiro modo é amplamente dominante na resposta final, e poderia ser o único considerado sem perda significativa.

10.4 COMENTÁRIOS SOBRE AS NORMAS LATINO-AMERICANAS DE SISMOS

A presente seção tem por objetivo comentar e mostrar os principais aspectos das normas latino-americanas que tratam da questão das ações dos sismos sobre estruturas. Para tanto, procurou-se manter os textos e a notação particular de cada norma e país de origem, além, é claro, da língua utilizada.

10.4.1 Parâmetros do local

10.4.1.1 Zoneamento dos países e aceleração característica

Aceleração característica: é aquela com 10% de probabilidade de ser ultrapassada, no sentido desfavorável, em um período de 50 anos, o que corresponde a um período de retorno de 475 anos.

A seguir, são mostrados os Zoneamentos Sísmicos de diversos países.

Conforme o zoneamento, define-se a aceleração característica de projeto. Nas Normas do Brasil, da Colômbia e da Venezuela, por exemplo, esses valores já constam do próprio mapa de zoneamento. Em outras normas, são dados em tabelas. Exemplos são a norma do Peru (Z = aceleração),

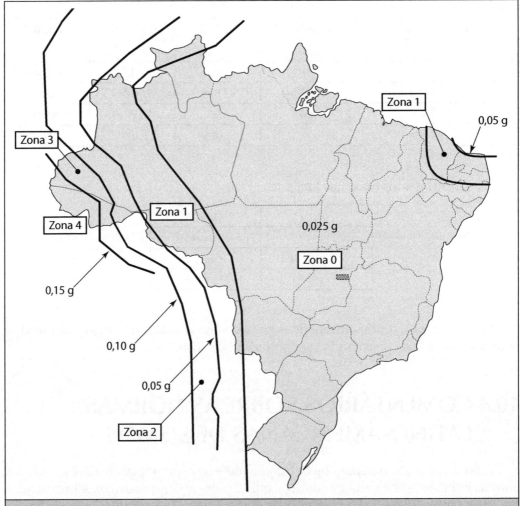

Figura 10.10 – Zoneamento sísmico do Brasil. *Fonte: NBR 15421:2006.*

Efeito de sismos sobre estruturas

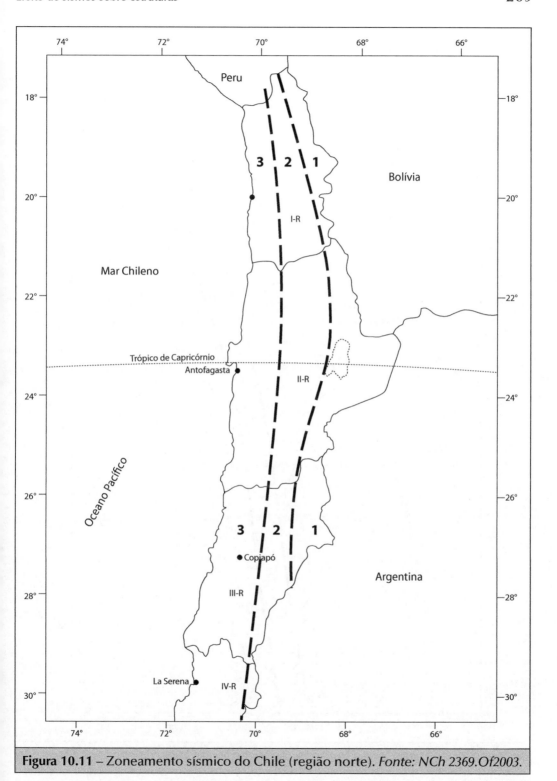

Figura 10.11 – Zoneamento sísmico do Chile (região norte). *Fonte: NCh 2369.Of2003.*

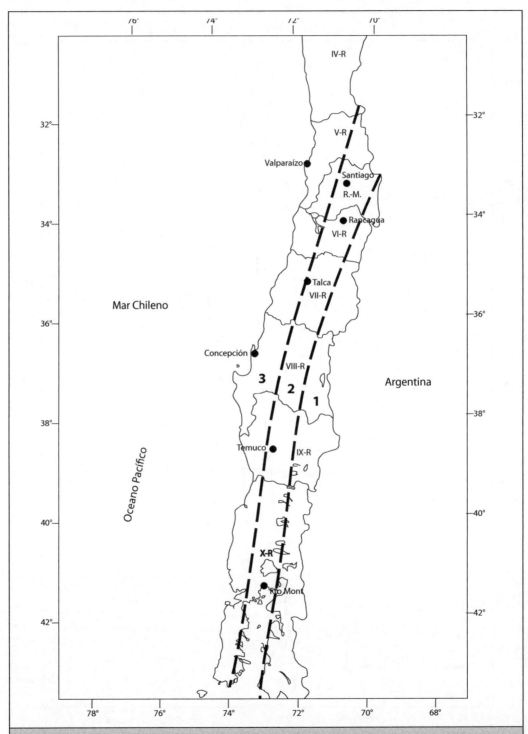

Figura 10.12 – Zoneamento sísmico do Chile (região central). *Fonte: NCh 2369. Of2003.*

Efeito de sismos sobre estruturas 211

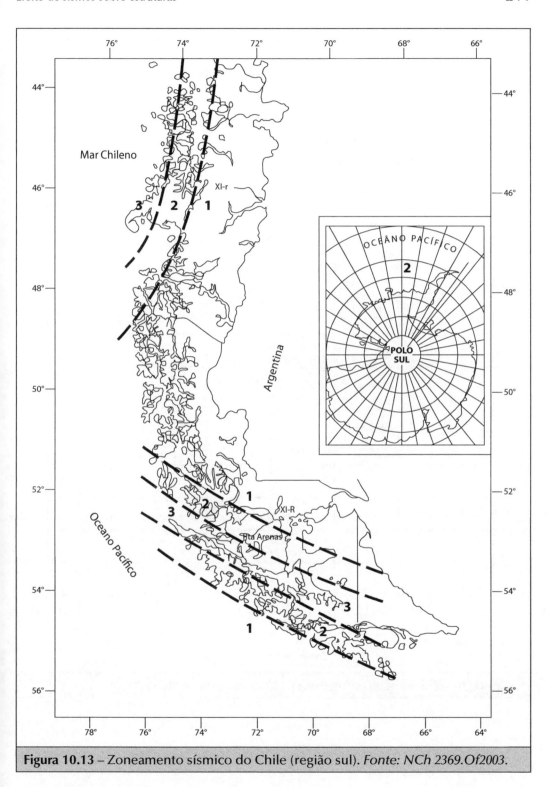

Figura 10.13 – Zoneamento sísmico do Chile (região sul). *Fonte: NCh 2369.Of2003.*

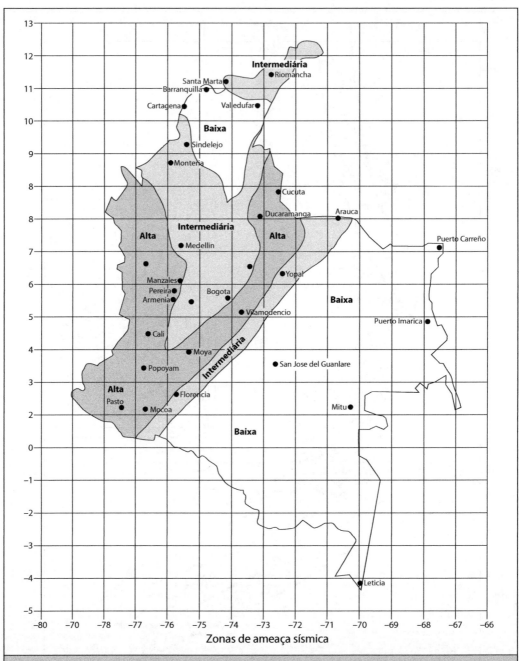

Figura 10.14 – Zoneamento sísmico da Colômbia. *Fonte: NSR-98 (1998).*

Efeito de sismos sobre estruturas

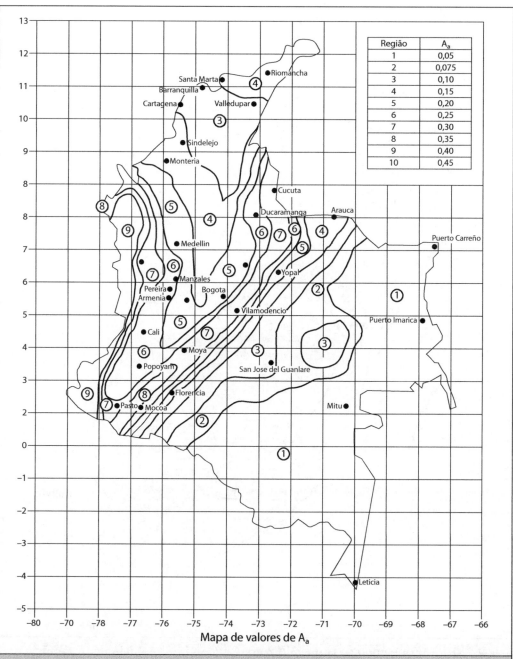

Figura 10.15 – Zoneamento sísmico da Colômbia. *Fonte: NSR-98 (1998).*

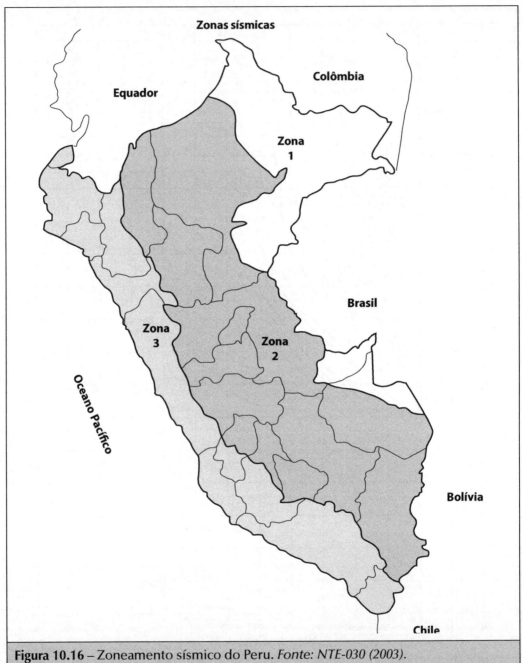

Figura 10.16 – Zoneamento sísmico do Peru. *Fonte: NTE-030 (2003).*

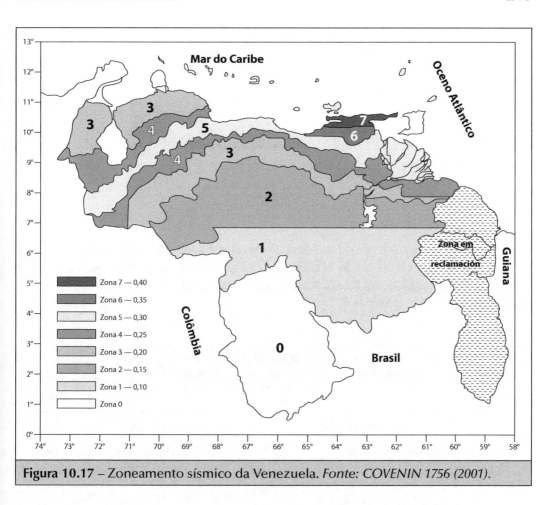

Figura 10.17 – Zoneamento sísmico da Venezuela. *Fonte: COVENIN 1756 (2001).*

Tabela 10.1 Fator de zoneamento do Peru. Fonte: NTE-030 (2003)	
Zona	Z
3	0,4
2	0,3
1	0,15

e do Chile,

216 Introdução à dinâmica das estruturas para a engenharia civil

Tabela 10.2	
Fator de zoneamento do Chile. Fonte: NCh 2369.Of2003	
Zona sísmica	A_0
1	0,20 g
2	0,30 g
3	0,40 g

10.4.1.2 Classes de terrenos

Outro efeito dependente da localização da obra é a amplificação dinâmica devida ao solo. Para tanto, os solos são classificados conforme sua rigidez, relacionada com o período de vibração, e um fator multiplicador é atribuído a cada classe de solo. Por exemplo, para o Peru, tem-se

Tabela 10.3			
Parâmetros de solo do Peru. Fonte: NTE-030 (2003)			
Tipo	Descrição	T_p(s)	S
S_1	*Rock or very rigid solls*	0,4	1,0
S_2	*Intermediate Solls*	0,6	1,2
S_3	*Flexibe Solls or stratum with great thickness*	0,9	1,4
S_4	*Exceptional conditions*	-	-

enquanto que para a norma chilena, tem-se

Efeito de sismos sobre estruturas

Tabela 10.4	
Tabela 10.4 **Parâmetros de solo do Chile. Fonte: NCh 2369.Of2003**	
Tipo de solo	**Descrição**
I	*Roca: material natural, con velocidad de propagación de ondas de corte in-situ v_s igual o mayor a 900 m/s, resistencia de la compresión uniaxial de probetas intactas (sin fisuras) igual o mayor que 10 MPa y RQD igual o mayor que 50%.*
II	*a) Suelo con v, igual o mayor que 400 m/s en los m superiores, y creciente con la profundidad; o bien.*
	b) Grava densa, con peso unitario seco γ_d igual o mayor que 20 kN/m³, o indice de densidad ID(DR) (densidad relativa) igual o mayor que 75%, o grado de compactación mayor que 95% del valor Proctor Modificado; o bien.
	c) Arena densa, com ID(DR) mayor que 75%, o indice de Penetración Estándar N mayor que 40 (normalizado a la presión efectiva de sobrecarga de 0,10 MPa), o grado de compactación superior al 95% del valor Proctor Modificado; o bien.
	d) Suelo cohesivo duro, con resistencia al corte no drenado S_u igual o mayor que 0,10 Pa (resistencia a la compresión simple q_u igual o mayor que 0,20 MPa) en probetas sin fisuras.
	En todo los casos, las condiciones indicadas deberán cumplirse independientemente de la posición del nivel freático y el espesor mínimo del estrato debe ser 20 m. Si el espesor sobre la roca es menor que 20 m, el suelo se clasificara como tipo I.
III	*a) Arena permanentemente no saturada, con ID(DR) entre 55 y 75%, o N mayor que 20 (sin normalizar a la presión efectiva de sobrecarga de 0,10 MPa); o bien.*
	b) Grava o arena no saturada, con grado de compactación menor que el 95% del valor Protor Modificado; o bien.
	c) Suelo cohesivo con S_u comprendido entre 0,025 y 0,10 MPa (q_u entre 0,05 y 0,20 MPa) independientemente del nivel freático; o bien.
	d) Arena saturada con N comprendido entre 20 y 40 (normalizado a la presión efectiva de sobrecarga de 0,10 MPa).
	Espesor mínimo del estrato: 10 m. Si el espesor del estrato sobre la roca o sobre suelo correspondiente al tipo II es menor que 10 m, el suelo se clasificará como tipo II.
IV	*Suelo cohesivo saturado com S_u igual o menor que 0,025 MPa (q_u igual o menor que 0,050 MPa).*
	Espesor mínimo del estrato: 10 m. Si el espesor del estrato sobre suelo correspondiente a algunos de los tipo I, II o III es menor que 10 m, el suelo se clasificará como tipo III.

Tabela 10.5
Parâmetros de solo do Chile. Fonte: NCh 2369.Of2003

Tipo de solo	$T'(s)$	n
I	0,20	1,00
II	0,35	1,33
III	0,62	1,60
IV	1,35	1,80

e da Colômbia, para solos de rigidez decrescente,

Tabela 10.6
Parâmetros de solo da Colômbia. Fonte: NSR-98 (1998)

Tipo de perfil de solo	Coeficiente de sítio S
S_1	1,0
S_2	1,2
S_3	1,5
S_4	2,0

10.4.2 Categoria de utilização (importância da obra)

O coeficiente de utilização, ou de importância, é uma característica única de cada construção. No Peru, é adotado o coeficiente U (utilização):

Na Colômbia, para edificações de importância decrescente, desde as de as indispensáveis como hospitais e bombeiros (grupo IV) até as de uso normal (grupo I), temos os coeficientes de importância chamados I.

Efeito de sismos sobre estruturas

Tabela 10.7
Categoria de utilização do Peru. Fonte: NTE-030 (2003)

Categoria	Descrição	Fator U
A Essential facilities	*Essential facilities where their function cannot be interrupted immediately after an earthquake, as hospitals, communications centers, firefighter and police headquarters, electric substations, water tanks. Educative centers and buildings that can be used as sheltering after a disaster.*	1,5
B Important facilities	*Facilities for meeting as theaters, stadiums, malls, penitentiaries, or for valuable patrimony as museums, libraries and special archives.* *Also will be considered grain depots and other important storage facilities for supply.*	1,3
C Common facilities	*Common facilities that their collapse causes intermediate losses as dwellings, offices, hotels, restaurants, industrial installations or deposits whose failure do not bring additional dangers as fires pollutant leaks, etc.*	1,0
D Minor facilities	*Facilities whose failure cause small losses and normally the probability to cause victims is low as fence walls lower than 1,50 m high, temporal depots, small temporal houses and similar constructions.*	(*)

Tabela 10.8
Categoria de utilização da Colômbia. Fonte: NRS-98 (1998)

Grupo de uso	Coeficiente de importância, I
IV	1,3
III	1,2
II	1,1
I	1,0

No Brasil tem-se:

220   Introdução à dinâmica das estruturas para a engenharia civil

Tabela 10.9
Categoria de utilização do Brasil. Fonte: NBR 15421:2006

Categoria de utilização	Natureza da ocupação	Fator I
I	Todas as estruturas não classificadas como de categoria II ou III	1,0
II	Estruturas de importância substancial para a preservação da vida humana no caso de ruptura, incluindo, mas não estando limitadas às seguintes: • Estruturas em que haja reunião de mais de 300 pessoas em uma única área; • Estruturas para educação pré-escolar em capacidade superior a 150 ocupantes; • Estruturas para escolas primárias ou secundárias com mais de 250 ocupantes; • Estruturas para escolas superiores ou para edução de adultos com mais de 500 ocupantes; • Instituições de saúde para mais de 50 pacientes, mas sem instalações de tratamento de emergências ou para cirurgias; • Instituições penitenciárias; • Quaisquer outras estruturas com mais de 5.000 ocupantes; • Instalações de geração de energia, de tratamento de água potável, de tratamento de esgotos e outras instalações de utilidade pública não classificadas como de categoria III; • Instalações contendo substâncias químicas ou tóxicas cujo extravasamento possa ser perigoso para a população, não classificadas como de categoria III.	1,25
III	Estruturas definidas como essenciais, incluindo, mas não estando limitadas, às seguintes. • Instituições de saúde com instalações de tratamento de emergência ou para cirurgias; • Prédios de bombeiros, de instituições de salvamento e policiais e garagens para veículos de emergência; • Centros de coordenação, comunicação e operação de emergência e outras instalações necessárias para a resposta em emergência; • Instalações de geração de energia e outras instalações necessárias para a manutenção em funcionamento das estruturas classificadas de categoria III; • Torres de controle de aeroportos, centros de controle de tráfego aéreo e hangares de aviões de emergência; • Estações de tratamento de água necessárias para a manutenção de fornecimento de água para o combate ao fogo; • Estruturas com funções críticas para a Defesa Nacional; • Instalações contendo substâncias químicas ou tóxicas consideradas como altamente perigosas, conforme classificação de autoridade governamental designada para tal.	1,50

Efeito de sismos sobre estruturas

Finalmente, no Chile, tem-se:

Tabela 10.10
Categoria de utilização do Chile. Fonte: NCh 2369.Of2003
Categoria C1: *Obras criticas, por cualquier de las razones siguientes:*
• *Vitales, que se deben mantener en funcionamiento par controlar incendios o explosiones y daño ecológico, y atender las necesidades de salud y primeros auxilios a los afectados.*
• *Peligrosas, cuya falla involucra riego de incendio, explosión o envenenamiento del aire o las aguas.*
• *Esenciales, cuya falla puede causar detenciones prolongadas y pérdidas serias de producción.*
Categoria C2: *Obras normales, que pueden tener fallas menores susceptibles de reparación rápida que no causan detenciones prolongadas ni pérdidas importantes de producción y que tampoco pueden poner en peligro otras obras de la categoria C1.*
Categoria C3: *Obras y equipos menores, o provisionales, cuya falla sísmica no ocasiona detenciones prolongadas, ni tampoco puede poner en peligro otras obras de las categorias C1 y C2.*
A cada categoria le corresponde un coeficiente de importancias I, cuyo valor es el siguiente: C1: I = 1,20   C2: I = 1,00   C3: I = 0,80

10.4.3 Coeficientes de modificação da resposta

Por fim, as características de rigidez e capacidade de dissipar energia da particular estrutura em análise devem ser levadas em conta. Quanto maior essa capacidade maior é o coeficiente modificador da resposta R a ela atribuído e que corresponde a uma relação entre o comportamento elástico e o plástico da estrutura. É muito grande o número de coeficientes das diversas normas e aqui são apresentados somente alguns deles.

Exemplo o Peru:

222 Introdução à dinâmica das estruturas para a engenharia civil

| Tabela 10.11 | |
Coeficiente de modificação de resposta do Peru. Fonte: NTE-030 (2003)	
Structural system	*Reduction coefficient R, for regular structures (*)(**)*
Steel frames *Steel frames with resistant moment joints*	9,5
Other steel frames *Eccentric bracing systems* *Cross bracing systems*	6,5 6,0
Reinforced concrete frames *Frames*[1] *Dual*[2] *Structural walls*[3] *Limited ductility walls*[4]	8 7 6 4
Reinforced or confined masonry[5]	3
Wood constructions (allowable stress)	7

No Chile, tem-se:

Efeito de sismos sobre estruturas

Tabela 10.12			
Coeficiente de modificação de resposta do Chile. Fonte: NCh 2369.Of2003			

	Sistema resistente	R
1	*Estructuras diseñadas para permanecer elásticas*	1
2	*Otras estructuras no incluidas o asimilables a las de esta lista(1)*	2
3	*Estructuras de acero*	
3.1	*Edificios y estructuras de marcos dúctiles de acero con elementos no estructurales dilatados*	5
3.2	*Edificios y estructuras de marcos dúctiles de acero con elementos no estructurales no dilatados e incorporados en el modelo estructural*	3
3.3	*Edificios y estructuras de marcos arriostrados, con anclajes dúctiles*	5
3.4	*Edificios industriales de un piso, con o sin puente grúa, y con arriotramiento continuo de techo*	5
3.5	*Edificios industriales de un piso, sin puente-grúa, sin arriostramiento continuo de techo, que satisfacen 11.1.2*	3
3.6	*Naves de acero livianas que satisfacen las condicionales de 11.2.1*	4
3.7	*Estructuras de péndulo invertido[2*	3
3.8	*Estructuras sísmicas isostáticas*	3
3.9	*Estructuras de plancha o manto de acero, cuyo comportamiento sísmico está controlado por el fenómeno de pandeo local*	3
4	*Estructuras de hormigón armado*	
4.1	*Edificio de estructuras de marcos dúctiles de hormigón armado con elementos no estructurales dilatados*	5
4.2	*Edificios y estructuras de marcos dúctiles de hormigón armado con elementos no estructurales no dilatados e incorporados en el modelo estructural*	3

10.4.4 Espectros de resposta elástica de projeto

O espectro de resposta elástica que consta na norma brasileira é mostrado na Figura 10.18.

No caso do Peru, segundo NTE-030 (2003), tem-se

$$S_a = \frac{ZUSC}{R}g$$

onde

$$C = 2{,}5\left(\frac{T_p}{T}\right) \qquad C \leq 2{,}5$$

onde S é dado pela Tabela 10.3.

No caso do Chile, segundo NCh 2369.Of2003, tem-se o coeficiente sísmico dado por:

$$C = \frac{2{,}75 A_0}{R}\left(\frac{T'}{T}\right)^n \left(\frac{0{,}05}{\xi}\right)^{0{,}4}$$

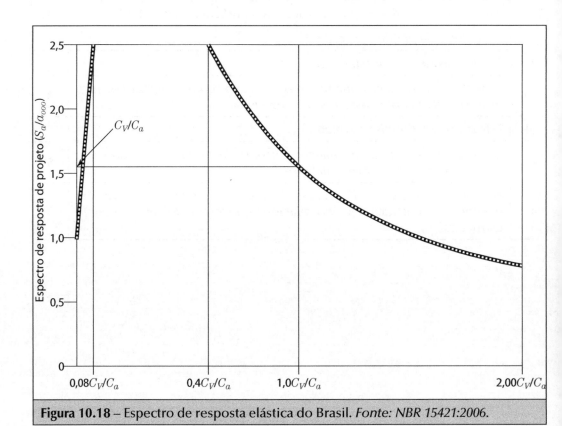

Figura 10.18 – Espectro de resposta elástica do Brasil. *Fonte: NBR 15421:2006.*

Efeito de sismos sobre estruturas

Enquanto o espectro de resposta elástica é

$$Sa = CIg \qquad C \le C_{\text{máx}}.$$

Tabela 10.13
Parâmetros de resposta do Chile. Fonte: NCh 2369.Of2003

Tipo de solo	$T'(s)$	n
I	0,20	1,00
II	0,35	1,33
III	0,62	1,80
IV	1,35	1,80

Tabela 10.14
Parâmetros de resposta do Chile. Fonte: NCh 2369.Of2003

R	$C_{\text{máx}}$		
	$\xi = 0,02$	$\xi = 0,03$	$\xi = 0,05$
1	0,79	0,68	0,55
2	0,60	0,49	0,42
3	0,40	0,34	0,28
4	0,32	0,27	0,22
5	0,26	0,23	0,18

NOTA: Los valores indicados son válidos para la zona sísmica 3. Para las zonas sísmicas 2 y 1, los valores de esta tabla se deben multiplicar por 0,75 y 0,50, respectivamente.

226 Introdução à dinâmica das estruturas para a engenharia civil

Tabela 10.15	
Parâmetros de resposta do Chile. Fonte: NCh 2369.Of2003	
Sistema resistente	ξ
Manto de acero soldado; chimeneas, silos, tolvas, tanques a presión, torres de proceso, cañerías, etc.	0,02
Manto de acero apernado e remachado	0,03
Marcos de acero soldados con o sin arriostramiento	0,02
Marcos de acero con uniones de terreno apernadas, con o sin arriostramiento	0,03
Estructuras de hormigón armado y albañileria	0,05
Estructuras prefabricadas de hormigón armado puramente gravitacionales	0,05
Estructuras prefabricadas de hormigón armado con uniones húmedas, no dilatadas de los elementos no estructurales e incorporados en el modelo estructural	0,05
Estructuras prefabricadas de hormigón armado con uniones húmedas dilatadas de los elementos no estructurales	0,03
Estructuras prefabricadas de hormigón armado con uniones secas, dilatadas y no dilatadas *Con conexiones apernadas y conexiones mediante barras embebidas en mortero de relleno* *Con conexiones soldadas*	0,03 0,02
Otras estructura no incluidas o asimilables a las de esta lista	0,02

No caso da Colômbia, o espectro é dado por

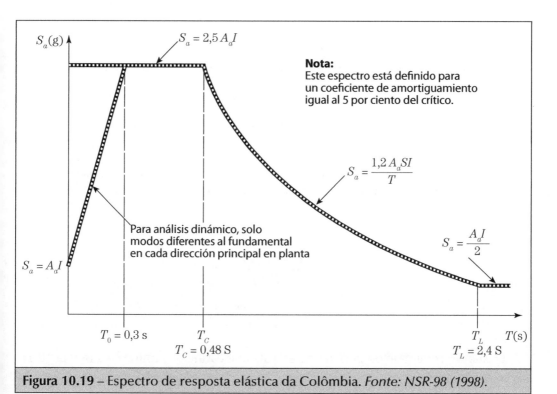

Figura 10.19 – Espectro de resposta elástica da Colômbia. *Fonte: NSR-98 (1998).*

10.4.5 Análise sísmica pelo Método das Forças Horizontais Equivalentes

No caso do Peru, o método é como se segue, segundo NTE-030 (2003).

Força cortante na base da estrutura:

$$V = \frac{ZUSC}{R} P,$$

onde

$$C = 2{,}5\left(\frac{T_p}{T}\right) \qquad C \leq 2{,}5$$

$$\frac{C}{R} \geq 0{,}1$$

e T_p é dado na Tabela 10.3.

O período fundamental da estrutura, se não calculado, pode ser estimado por

$$T = \frac{h_n}{C_T}$$

Introdução à dinâmica das estruturas para a engenharia civil

e

$$C_T = 35, 45, 60,$$

enquanto a distribuição de forças horizontais ao longo da altura é calculada por

$$F_i = \frac{P_i h_i}{\sum_{j=1}^{n} P_j h_j} V$$

No caso do Brasil, segundo NBR 15421:2006, a força cortante na base da estrutura é calculada como uma parcela do peso total W da estrutura:

$$H = C_s W,$$

onde

$$C_S = \frac{2,5(a_{gs0}/g)}{(R/I)} \quad e$$

$$0,01 \leq C_S \leq \frac{(a_{gs0}/g)}{T(R/I)}.$$

O valor aproximado do período da estrutura é estimado conforme a tabela 10.16.

Tabela 10.16
Cálculo aproximado do período fundamental da estrutura do Brasil. **Fonte: NBR 15421:2006**
$$T_a = C_T \cdot h_n^x$$ Nesta expressão, os coeficientes C_T (coeficientes da estrutura e x são definidos por:

$C_T = 0,0724$ e $x = 0,8$	para estruturas em que as forças sísmicas horizontais são 100% resistidas por pórticos de aço momento-resistentes, não sendo estes ligados a sistemas mais rígidos que impeçam sua livre deformação quando submetidos à ação sísmica;
$C_T = 0,0466$ e $x = 0,9$	para estruturas em que as forças sísmicas horizontais são 100% resistidas por pórticos de concreto, não sendo estes ligados a sistemas mais rígidos que impeças sua livre deformação quando submetidos à ação sísmica;
$C_T = 0,0731$ e $x = 0,75$	para estruturas em que as forças sísmicas horizontais são resistidas em parte por pórticos de aço contraventados com treliças;
$C_T = 0,0488$ e $x = 0,75$	para todas as outras estrututas.
h_n é a altura, em metros, da estrutura acima da base.	

Efeito de sismos sobre estruturas

A distribuição de forças horizontais ao longo da altura é calculada por:

$$F_x = \frac{w_x h_x^k}{\displaystyle\sum_{j=1}^{n} w_j h_j^k} H.$$

onde k é o expoente de distribuição, relacionado ao período natural da estrutura T,
- para estruturas com período inferior a 0,5 s, $k = 1$;
- para estruturas com períodos entre 0,5 s e 2,5 s, $k = (T + 1,5)/2$;
- para estruturas com período superior a 2,5 s, $k = 2$.

De acordo com a norma da Colômbia, NSR-98 (1998), a força cortante na base da estrutura é dada por uma parcela do peso total gM da estrutura

$$V_S = S_a gM.$$

O período fundamental da estrutura pode ser estimado por

Tabela 10.17
Cálculo aproximado do período fundamental da estrutura da Colômbia.   **Fonte: NSR-98 (1998)**

	$T_a = C_t h_n^{3/4}$ (A.4-2), *donde C_t toma los siguientes valores:*
$C_t = 0,08$	*para pórticos resistentes a momentos de concreto reforzado y para pórticos de acero estructural con diagonales excéntricas.*
$C_t = 0,09$	*para pórticos resistentes a momentos de acero estructural.*
$C_t = 0,05$	*para los otros tipos de sistema de resistencia sísmica.*

Alternativamente, el valor de C_t para estructuras que tengan muros estructurales de concreto reforzado o mampostería estructural, puede calcularse por medio de la ecuación A.4-3.

A distribuição de forças horizontais ao longo da altura é dada por:

$$F_x = \frac{m_x h_x^k}{\displaystyle\sum_{j=1}^{n} m_j h_j^k} V_S,$$

onde a) para T menor o igual a 0,5 segundos, $k = 1,0$,
b) para T entre 0,5 y 2,5 segundos, $k = 0,75 + 0,5\,T$, y
c) para T mayor que 2,5 segundos, $k = 2.0$.

No caso do Chile, segundo NCh 2369.Of2003, a força cortante na base da estrutura é dada por uma parcela do peso total P da estrutura:

230

Introdução à dinâmica das estruturas para a engenharia civil

$$Q_0 = CIP$$

$$C = \frac{2{,}75 A_0}{R}\left(\frac{T'}{T}\right)^n \left(\frac{0{,}05}{\xi}\right)^{0{,}4}.$$

A distribuição de forças horizontais ao longo da altura é calculada como:

$$F_k = \frac{P_k A_k}{\displaystyle\sum_{j=1}^{n} P_j A_j}\, Q_0$$

$$A_k = \sqrt{1 - \frac{Z_{k-1}}{H}} - \sqrt{1 - \frac{Z_k}{H}}.$$

10.4.6 Limitações de deslocamentos

No caso da norma brasileira, o deslocamento relativo entre pavimentos em função da altura dos mesmos é dado por

Tabela 10.18		
Limites de deslocamentos do Brasil. Fonte: NBR 15421:2006		
Categoria de utilização		
I	II	III
$0{,}020 h_{sx}$	$0{,}015 h_{sx}$	$0{,}010 h_{sx}$

Os deslocamentos calculados devem ser multiplicados por C_d/I.

No caso do Peru, os deslocamentos limites são dados por:

Tabela 10.19	
Limites de deslocamentos do Peru Fonte: NTE-030 (2003)	
Predominant material	(Δ_i/he_i)
Reinforced concrete	0,007
Steel	0,010
Masonry	0,005
Wood	0,010

Efeito de sismos sobre estruturas

10.4.7 Torção acidental

Brasil - NBR 15421/2006

9.4.2 Consideração da torção

O projeto deve incluir um momento de torção inerente (M_t) nos pisos causado pela excentricidade dos centros de massa relativamente aos centros de rigidez, acrescido de um momento torsional acidental (M_{ta}), determinado considerando-se um deslocamento do centro de massa em cada direção igual a 5% da dimensão da estrutura paralela ao eixo perpendicular à direção de aplicação das forças horizontais.

Peru – NTE-030 (2003)

4.2.5. Torsional Effects

The force acting in each (F_i) will be assumed to be acting in the mass centre of the level considered, as well as the accidental eccentricity effects as indicated as follows.

For each direction of analysis the accidental eccentricity for each level (e) will be considered as 0,05 times the building dimension in the perpendicular direction to the application of the forces.

In each level, in addition to of the actuating force, an accidental moment denominated Mt_i will be applied ad it will be calculated as:

$$Mt_i = \pm F_i \, e_i$$

It can be assumed that the most unfavorable conditions can be obtained considering only the accidental eccentricities with the same sign for all stories. Only the increases of the horizontal forcer can be considered but not the diminutions.

ANEXO A
NOÇÕES SOBRE O MÉTODO DOS ELEMENTOS FINITOS EM DINÂMICA DE ESTRUTURAS

A.1 DISCRETIZAÇÃO

Os problemas da Engenharia são analisados desenvolvendo-se modelos concei-tuais da realidade. Por exemplo, se um edifício é observado, pode-se dividi-lo em modelos estruturais simplificados como vigas, colunas, placas etc. A seguir, par-tindo dos conceitos da Mecânica dos Sólidos (que inclui a Teoria da Elasticidade), desenvolve-se um modelo matemático. Nele, figuram as incógnitas do problema, função das variáveis independentes x, y, z (coordenadas espaciais) e, na Dinâmica, do tempo t:

$$\{u\} = \{u\}\,(x, y, z, t).$$

No caso especial da Mecânica dos Sólidos essas incógnitas são escolhidas, no chamado Processo dos Deslocamentos, como sendo os deslocamentos dos infinitos pontos do contínuo que é o sólido:

$$\{u\} = \left\{ \begin{array}{c} u(x,y,z,t) \\ v(x,y,z,t) \\ w(x,y,z,t) \end{array} \right\}.$$

O modelo matemático, em si, é constituído por uma ou mais equações diferen-ciais, na forma geral:

$$[L]\{u\} = \{f(x, y, z, t)\}.$$

onde $[L]$ é um operador diferencial. Acresce-se a essas equações as condições de contorno (e as condições iniciais, nos problemas dinâmicos). Essa é a chamada "formulação forte" do problema.

234 Introdução à dinâmica das estruturas para a engenharia civil

Para o caso geral de domínios em que se espera grande variação das incógnitas e condições de contorno complicadas, típicas dos problemas reais da Engenharia, soluções fechadas explícitas para as equações diferenciais são, em geral, impossíveis de serem obtidas. Por essa razão, procura-se substituir o contínuo por uma discretização em um número finito de incógnitas chamadas usualmente de "graus de liberdade" em número n.

A técnica usual é aproximar o vetor de incógnitas (deslocamentos) por uma superposição de funções mais simples chamadas *Trial Functions* ou funções de forma, ou, ainda, funções de interpolação, cada uma delas afetada por um coeficiente a ser convenientemente avaliado para se obter a "melhor aproximação":

$$\{\tilde{u}\} = [N]\{q(t)\}$$

$$[N] = [N(x, y, z)],$$

onde $[N]$ é uma matriz que contém as *funções de forma*, que só dependem das variáveis independentes x, y, z, e $\{q(t)\}$ é o vetor de coeficientes incógnitos das funções, em número igual ao dos graus de liberdade, independente das variáveis x, y, z.

A "melhor aproximação" é conseguida impondo-se um princípio físico como o Princípio dos Deslocamentos Virtuais (PTV), o Método de Rayleigh–Ritz, as Equações de Lagrange etc. Outra técnica, também usual, puramente matemática, é a minimização do resíduo ponderado resultante da discretização por *Trial Functions*:

$$[R] = [L]\{\tilde{u}\} - [f]$$

$$\int [W][R]dV = 0,$$

onde $[W]$ são as funções de ponderação. Essas funções são escolhidas de acordo com uma estratégia a ser adotada para minimização do resíduo. São usuais: colocação, subdomínios, mínimos quadrados e, a mais popular, a técnica de Galerkin. A aplicação de qualquer dessas técnicas de aproximação, que resultam em formulações integrais, são as chamadas "formas fracas" dos problemas.

Neste texto, por se tratar de aplicação à Dinâmica de Estruturas, o desenvolvimento básico se fará pelas Equações de Lagrange:

$$\frac{d}{dt}\left(\frac{\partial L}{\partial \dot{q}_i}\right) - \frac{\partial L}{\partial q_i} = N_i, \qquad i = 1 \text{ a } n,$$

onde se define a função Lagrangiana

$$L = V - T \text{ , com } V = U - W$$

e N_i é uma componente das forças não conservativas aplicadas, inclusive as de amortecimento, V é a Energia Potencial Total, U a Energia de Deformação e W o trabalho das forças externas conservativas.

ANEXO A — Noções sobre o método de elementos finitos em dinâmica de estruturas   235

A.2 O MÉTODO DOS ELEMENTOS FINITOS (MEF)

No Método dos Elementos Finitos (MEF), em inglês "*Finite Element Method* (FEM)", o domínio do problema é dividido em subdomínios (barras, triângulos, quadriláteros, tetraedros etc.) de dimensões pequenas, mas finitas, denominados elementos, unidos em pontos denominados *nós*. A seguir, os deslocamentos no interior dos elementos são aproximados pela superposição de funções de forma:

$$\{\tilde{u}\} = [N]\{q(t)\},$$

onde, agora, $[N]$ contém funções especialmente escolhidas de forma a assumirem valor unitário em um dado nó de um elemento, variando até zero nos demais nós de cada elemento. Assim, cada uma dessas funções só é diferente de zero no interior de um só elemento do conjunto. Com essa definição para as funções, o vetor $\{q\}$ tem a interpretação física de conter os deslocamentos, ainda incógnitos, dos nós de cada elemento. Essa forma de escolha das funções de forma é a essência do Método. Todo o restante é a aplicação de princípios físicos ou matemáticos de ajuste do valor dos deslocamentos.

Historicamente, a primeira aplicação de aproximação por *Trial Functions* foi feita por Lord Rayleigh em seu *Theory of Sound*, de 1870, na determinação de frequências e modos de vibração de cordas retesadas. Ritz retomou o método em 1910. Na década seguinte, Galerkin apresentou soluções de problemas de engenharia por séries trigonométricas no Método dos Resíduos Ponderados. Courant, em 1943, praticamente usou o MEF na solução de problemas de torção com divisão do domínio em subdomínios triangulares. Com o advento dos computadores eletrônicos, na década de 1940, os engenheiros de estruturas lançaram as bases do MEF. Argyris, em 1954, apresentou o elemento retangular de quatro nós, e Martin, Clough, Turner e Topp apresentaram o elemento triangular de três nós em 1956, os dois trabalhos no contexto da engenharia aeronáutica. Finalmente, Clough, em 1960, cunhou a expressão Método dos Elementos Finitos, que se tornou clássica.

A.3 UM BREVE RESUMO DE MECÂNICA DOS SÓLIDOS EM FORMA MATRICIAL

Os deslocamentos de um ponto de um contínuo sólido são simbolizados pelo vetor $\{u\}$.

Assim, no caso de uma barra de treliça, por exemplo, um domínio unidimensional de eixo x, tem-se duas componentes, o deslocamento no sentido do eixo da barra e o deslocamento transversal a ela:

$$\{u\} = \begin{Bmatrix} u(x,y,t) \\ v(x,y,t) \end{Bmatrix}$$

236 Introdução à dinâmica das estruturas para a engenharia civil

No caso de uma viga inextensível fletida, tem-se uma só componente, o deslocamento transversal ao eixo da barra

$$\{u\} = v(x, t).$$

No caso de uma chapa, um domínio bidimensional de eixos x e y, tem-se o vetor 2×1

$$\{u\} = \left\{ \begin{array}{c} u(x,y,t) \\ v(x,y,t) \end{array} \right\}.$$

No caso de um domínio tridimensional de eixos x, y e z (um sólido tridimensional), tem-se o vetor 3×1

$$\{u\} = \left\{ \begin{array}{c} u(x,y,z,t) \\ v(x,y,z,t) \\ w(x,y,z,t) \end{array} \right\}.$$

A partir dos deslocamentos, obtêm-se as deformações do sólido pela aplicação de um operador diferencial:

$$\{\varepsilon\} = [L]\{u\}.$$

Em uma barra de treliça, o operador é 1×2:

$$\{\varepsilon\} = \varepsilon_x = \left[\frac{\partial}{\partial x} 0 \right] \left\{ \begin{array}{c} u \\ v \end{array} \right\}.$$

Em uma viga inextensível fletida, o operador é escalar:

$$\{\varepsilon\} = \varepsilon_x = [L]\{u\} = -y \frac{\partial^2}{\partial x^2} v.$$

Em uma chapa, o operador é 3×2:

$$\{\varepsilon\} = \left\{ \begin{array}{c} \varepsilon_x \\ \varepsilon_y \\ \gamma_{xy} \end{array} \right\} = [L]\{u\} = \left[\begin{array}{cc} \dfrac{\partial}{\partial x} & 0 \\ 0 & \dfrac{\partial}{\partial y} \\ \dfrac{\partial}{\partial y} & \dfrac{\partial}{\partial x} \end{array} \right] \left\{ \begin{array}{c} u \\ v \end{array} \right\}.$$

ANEXO A — Noções sobre o método de elementos finitos em dinâmica de estruturas   237

O próximo passo é obter o vetor de tensões, a partir do de deformações, usando, por simplicidade, a lei de Hooke, em forma matricial:

$$\{\sigma\} = [E]\{\varepsilon\} = [E][L]\{u\}.$$

No caso de uma barra de treliça, tem-se

$$\{\sigma\} = \sigma_x = [E][L]\{u\} = E\frac{\partial}{\partial x}u,$$

onde E é o Módulo de Elasticidade do material.

No caso de viga inextensível fletida:

$$\{\sigma\} = \sigma_x = [E][L]\{u\} = -Ey\frac{\partial^2}{\partial x^2}v.$$

No caso da chapa, o vetor tensão é 3×1:

$$\{\sigma\} = \left\{ \begin{array}{c} \sigma_x \\ \sigma_y \\ \tau_{xy} \end{array} \right\}.$$

Em Estado Plano de Tensões, a lei de Hooke é expressa pela matriz 3×3:

$$[E] = \frac{E}{1-v^2} \begin{bmatrix} 1 & v & 0 \\ v & 1 & 0 \\ 0 & 0 & \dfrac{1-v}{2} \end{bmatrix},$$

onde v é o Coeficiente de Poisson.

Em Estado Plano de Deformações temos

$$[E] = \frac{E(1-v)}{(1+v)(1-2v)} \begin{bmatrix} 1 & \dfrac{v}{1-v} & 0 \\ \dfrac{v}{1-v} & 1 & 0 \\ 0 & 0 & \dfrac{1-2v}{2(1-v)} \end{bmatrix}$$

Será necessário, no desenvolvimento que se segue, ter, também, a formulação da Energia de Deformação para um sólido elástico, o escalar:

$$U = \frac{1}{2}\int_V \{\varepsilon\}^T \{\sigma\} dV,$$

238   Introdução à dinâmica das estruturas para a engenharia civil

que compõe a Energia Potencial Total (EPT)

$$V = U - W,$$

sendo W o trabalho das forças externas conservativas aplicadas. Essas forças são de três tipos. As forças de massa (por exemplo, o peso próprio), as forças aplicadas em parte da superfície do elemento, e as forças concentradas nos nós da discretização pelo MEF, que se verá no próximo item.

No caso das duas primeiras, tem-se:

$$W_m = \int_V \{u\}^T \left\{ f_m(x,y,z,t) \right\} dV$$

$$W_S = \int_S \{u\}^T \left\{ f_S(x,y,z,t) \right\} dS.$$

Deve-se notar que aqui não aparece o fator ½ da expressão da Energia de Deformação. Naquele caso, as deformações crescem à medida que as forças crescem. Aqui, as forças já têm seu valor final e são multiplicadas pelos deslocamentos finais.

Na dinâmica, é levada em conta também a energia cinética, na forma

$$T = \frac{1}{2} \int_V \rho \{\dot{u}\}^T \{\dot{u}\} dV,$$

onde $\{\dot{u}\}$ é o vetor das velocidades (a derivada primeira no tempo é simbolizada pelo ponto superposto, na convenção de Newton), e ρ é a massa específica do material.

A.4 APROXIMAÇÃO DAS EQUAÇÕES DA MECÂNICA DOS SÓLIDOS PELO MEF

Adota-se, agora, a aproximação dos deslocamentos, dentro de cada elemento,

$$\{\tilde{u}\} = [N]\{q\}.$$

Lembrando-se que no MEF $[N]$ contém funções especialmente escolhidas de forma a assumirem valor unitário em um dado nó de um elemento, variando até zero nos demais nós de cada elemento. Assim, cada uma dessas funções só é diferente de zero no interior de um só elemento do conjunto. A matriz $[N]$, função das coordenadas, tem dimensões 2×4, no caso da treliça plana, 1×4 para a viga inextensível fletida, e 2×6, no caso da chapa.

Como já foi dito, o vetor $\{q\}$ tem a interpretação física de conter os deslocamentos, ainda incógnitos, dos nós de cada elemento, e é função apenas do tempo, no caso

ANEXO A — Noções sobre o método de elementos finitos em dinâmica de estruturas 239

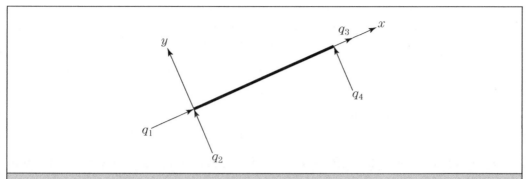

Figura A.1a – Coordenadas generalizadas em um elemento de treliça.

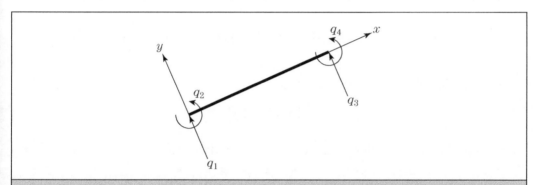

Figura A.1b – Coordenadas generalizadas em um elemento de viga.

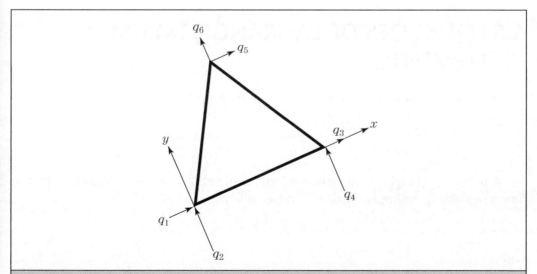

Figura A.1c – Coordenadas generalizadas em um elemento de chapa.

240   Introdução à dinâmica das estruturas para a engenharia civil

da dinâmica. No caso de uma barra de treliça plana ele é 4×1, no de viga inextensível fletida 4×1 e, em um elemento triangular de chapa de três nós com dois graus de liberdade por nó, 6×1, conforme Figuras A.1a, A.1b e A.1c.

Todas as expressões da seção anterior, escritas para o contínuo, são, agora, aproximadas.

As deformações (aproximadas) passam a ser

$$\{\tilde{\varepsilon}\} = [L]\{\tilde{u}\} = [L][N]\{q\} = [B]\{q\}.$$

No caso da treliça plana $[B] = [L][N]$ é 1×4, e, no da chapa, 3×6. O vetor tensões, aproximado, é

$$\{\tilde{\sigma}\} = [E]\{\tilde{\varepsilon}\} = [E][B]\{q\}.$$

O que permite escrever a Energia de Deformação do elemento, aproximada,

$$\tilde{U}_e = \frac{1}{2}\int_V \{\tilde{\varepsilon}\}^T \{\tilde{\sigma}\} dV = \frac{1}{2}\{q\}^T \left(\int_V [B]^T [E][B] dV\right)\{q\}.$$

O vetor de velocidades, aproximado é:

$$\left\{\tilde{\dot{u}}\right\} = [N]\{\dot{q}\}$$

e a Energia Cinética do elemento, aproximada, é dada por

$$T = \frac{1}{2}\{\dot{q}\}^T \left(\int_V \rho[N]^T [N] dV\right)\{\dot{q}\}.$$

A.5 EQUAÇÕES DE LAGRANGE, EM UM ELEMENTO

A seguir, aplicam-se as Equações de Lagrange:

$$\frac{d}{dt}\left(\frac{\partial L}{\partial \dot{q}_i}\right) - \frac{\partial L}{\partial q_i} = N_i, \quad i = 1 \text{ a } n.$$

A função Lagrangiana, aproximada, em um elemento, pode ser considerada uma função escalar de múltiplas variáveis independentes,

$$\tilde{L}_e = \tilde{V}_e - \tilde{T}_e$$

onde

$$\tilde{V}_e = \tilde{U}_e - \tilde{W}_e.$$

ANEXO A — Noções sobre o método de elementos finitos em dinâmica de estruturas 241

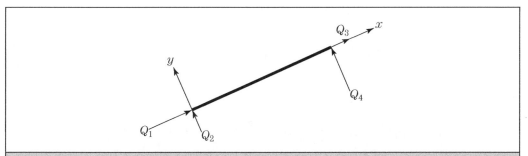

Figuras A.2a – Forças elásticas restauradoras aplicadas aos nós de um elemento de treliça.

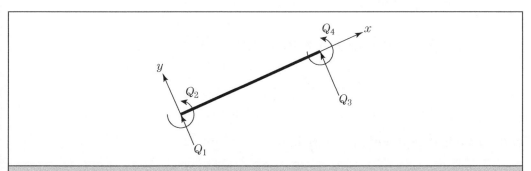

Figuras A.2b – Forças elásticas restauradoras aplicadas aos nós de um elemento de viga.

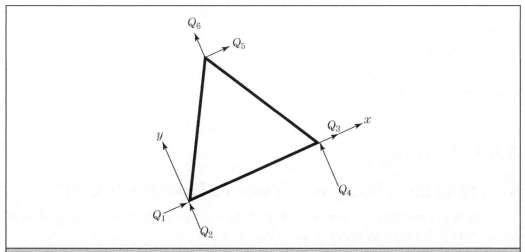

Figuras A.2c – Forças elásticas restauradoras aplicadas aos nós de um elemento de chapa.

242 Introdução à dinâmica das estruturas para a engenharia civil

O trabalho das forças externas aplicadas ao elemento é:

$$\tilde{W}_e = \int_V \{\tilde{u}\}^T \{f_m\} dV + \int_S \{\tilde{u}\}^T \{f_S\} dS + \{q\}^T \{Q\}$$

ou

$$\tilde{W}_e = \{q\}^T \left(\int_V [N]^T \{f_m\} dV + \int_S [N]^T \{f_S\} dS \right) + \{q\}^T \{Q\},$$

onde $\{Q\}$ é um vetor com n componentes, contendo as forças elásticas restauradoras aplicadas nos nós dos elementos, conforme exemplos das Figuras A.2a, A.2b e A.2c.

Aplicando-se as Equações de Lagrange, obtém-se

$$\left(\int_V \rho[N]^T [N] dV \right) \{\ddot{q}\} + \left(\int_V [B]^T [E][B] dV \right) \{q\} - \int_V [N]^T \{f_m\} dV -$$

$$- \int_S [N]^T \{f_S\} dS - \{Q\} = \{0\},$$

onde se pode definir a matriz de rigidez do elemento:

$$[k] = \int_V [B]^T [E][B] dV,$$

com dimensões $n \times n$, simétrica e singular, e a matriz de massas do elemento

$$[m] = \int_V \rho[N]^T [N] dV,$$

com dimensões $n \times n$, simétrica.

Também pode-se definir o vetor de forças nodais devidas aos carregamentos de massa e superfície, no elemento.

A.6 EXEMPLOS

A.6.1 Barra de treliça plana, no sistema local de referência

Para um elemento de barra de treliça plana com dois nós e dois deslocamentos por nó, de rigidez constante AE e comprimento L:

ANEXO A — Noções sobre o método de elementos finitos em dinâmica de estruturas 243

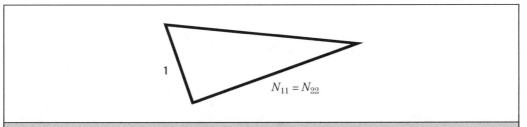

Figura A.3a – Função de interpolação $N_{11} = N_{22}$ para elemento de treliça.

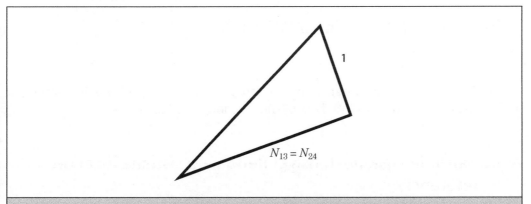

Figura A.3b – Função de interpolação $N_{13} = N_{24}$ para elemento de treliça.

$$[L] = \left[\frac{\partial}{\partial x}\ 0\right]$$

$$[E] = E.$$

Adotam-se funções de interpolação lineares, que são a solução exata na ausência de forças de massa e de superfície.

$$[N] = \left[\begin{array}{c|c|c|c} N_{11} & N_{12} & N_{13} & N_{14} \\ \hline N_{21} & N_{22} & N_{23} & N_{24} \end{array}\right].$$

Os gráficos dessas funções são apresentados nas Figuras A.3a e A.3b.

$$[B] = [L][N] = \left[-\frac{1}{L}\ 0\ \frac{1}{L}\ 0\right],$$

que é constante, levando à matriz de rigidez

$$[k] = \int_V [B]^T [E][B] dV = AL[B]^T [E][B] = \frac{EA}{L} \begin{bmatrix} 1 & 0 & -1 & 0 \\ & 0 & 0 & 0 \\ & & 1 & 0 \\ & & & 0 \end{bmatrix}$$

simétrica e singular.

A matriz de massas consistente, simétrica, é

$$[m] = \rho \int_V [N]^T [N] dV = \rho AL [N]^T [N] = \frac{\rho AL}{6} \begin{bmatrix} 2 & 0 & 1 & 0 \\ & 2 & 0 & 1 \\ & & 2 & 0 \\ & & & 2 \end{bmatrix}.$$

Em geral, o modelo matemático adotado para barras de treliça não contempla aplicação de cargas de massa e de superfície ao longo da barra.

A.6.2 Barra de viga inextensível fletida, no sistema local de referência

Para um elemento de barra de viga inextensível com dois nós e dois deslocamentos por nó, de rigidez à flexão EI_z e comprimento L:

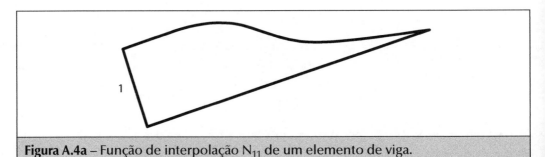

Figura A.4a – Função de interpolação N_{11} de um elemento de viga.

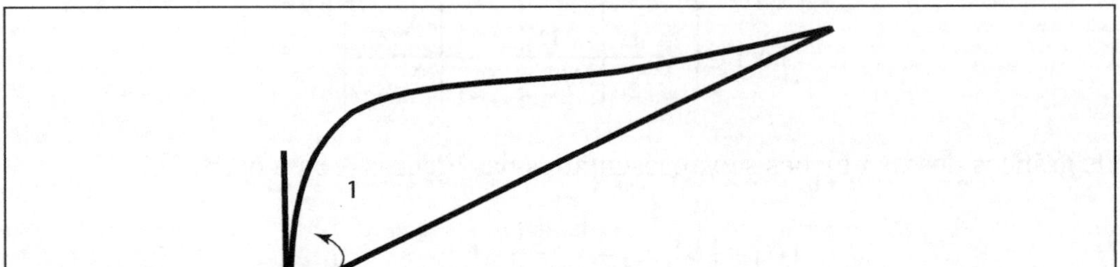

Figura A.4b – Função de interpolação N_{12} de um elemento de viga.

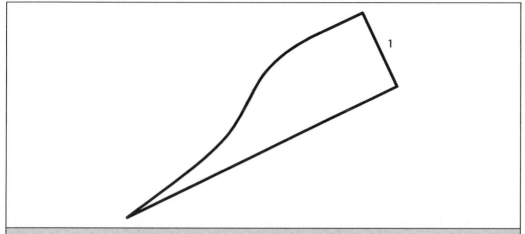

Figura A.4c – Função de interpolação N_{13} de um elemento de viga.

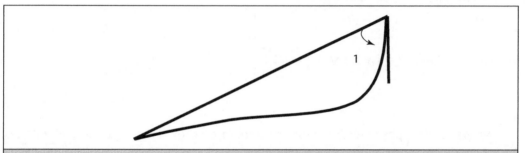

Figura A.4d – Função de interpolação N_{14} de um elemento de viga.

$$[L] = -y\frac{\partial^2}{\partial x^2}$$

$$[E] = E.$$

Adotam-se funções de interpolação por polinômios Hermitianos de 3° grau, que são a solução exata para o problema quando as forças de massa e de superfície são nulas.

$$[N] = [N_{11}|N_{12}|N_{13}|N_{14}] =$$

$$= \left[1 - 3\left(\frac{x}{L}\right)^2 + 2\left(\frac{x}{L}\right)^3 \middle| x\left(1-\frac{x}{L}\right)^2 \middle| 3\left(\frac{x}{L}\right)^2 - 2\left(\frac{x}{L}\right)^3 \middle| \frac{x^2}{L}\left(\frac{x}{L}-1\right)\right].$$

Os gráficos dessas funções são apresentados nas Figuras A.4a a A.4d.

Com isso, tem-se

$$[B] = [L][N] = -y\left[-\frac{6}{L^2} + \frac{12x}{L^3}\middle| -\frac{4}{L} + \frac{6x}{L^2}\middle| \frac{6}{L^2} - \frac{12x}{L^3}\middle| -\frac{2}{L} + \frac{6x}{L^2}\right],$$

levando à matriz de rigidez

$$[k] = \int_V [B]^T [E][B] dV = EI_z \begin{bmatrix} \frac{12}{L^3} & \frac{6}{L^2} & -\frac{12}{L^3} & \frac{6}{L^2} \\ & \frac{4}{L} & -\frac{6}{L^2} & \frac{2}{L} \\ & & \frac{12}{L^3} & -\frac{6}{L^2} \\ & & & \frac{4}{L} \end{bmatrix}$$

simétrica e singular.

A matriz de massa consistente é

$$[m] = \rho \int_V [N]^T [N] dV = \frac{\rho A L}{420} \begin{bmatrix} 156 & 22L & 154 & -13L \\ & 4L^2 & 13L & -3L^2 \\ & & 156 & -22L \\ & & & 4L^2 \end{bmatrix}.$$

Nesse caso, é possível determinar também o vetor das forças nodais devidas às forças de massa e/ou de superfície aplicadas à barra. Por exemplo, uma carga uniformemente distribuída w ao longo da barra, no sentido positivo de y, segundo Figura A.5.1,

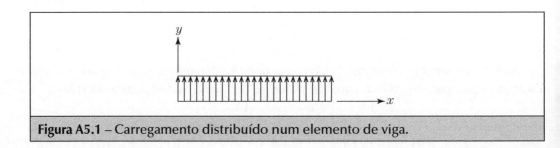

Figura A5.1 – Carregamento distribuído num elemento de viga.

resulta no vetor

ANEXO A — Noções sobre o método de elementos finitos em dinâmica de estruturas   247

$$\{Q_0\} = \left\{ \begin{array}{c} \dfrac{wL}{2} \\[2ex] -\dfrac{wL^2}{12} \\[2ex] \dfrac{wL}{2} \\[2ex] \dfrac{wL^2}{12} \end{array} \right\}.$$

Se a barra for considerada extensível, tem-se um elemento de barra de pórtico plano, em que se consideram também os esforços normais. Teremos, assim, três graus de liberdade por cada um dos dois nós do elemento. Basta ampliar a matriz para 6 × 6, considerando também as matrizes obtidas para o elemento de treliça plana:

$$[k] = E \times$$

A/L	0	0	$-A/L$	0	0
	$12I_z/L^3$	$6I_z/L^2$	0	$12I_z/L^3$	$6I_z/L^2$
		$4I_z/L$	0	$-6I_z/L^2$	$2I_z/L$
			A/L	0	0
				$12I_z/L^3$	$-6I_z/L^2$
					$4I_z/L$

$$[m] = \rho AL \times$$

1/3	0	0	1/6	0	0
	13/35	$11L/210$	0	9/70	$-13L/420$
		$L^2/105$	0	$13L/420$	$-L^2/140$
			1/3	0	0
				13/35	$-11L/210$
					$L^2/105$

A.6.3 Elemento triangular de chapa com três nós no sistema local de referência

Para um elemento de chapa triangular de três nós, a, b, c, com dois graus de liberdade por nó, em Estado Plano de Tensões, com variação linear de deslocamentos e tensões constantes:

$$[L] = \begin{bmatrix} \dfrac{\partial}{\partial x} & 0 \\ 0 & \dfrac{\partial}{\partial y} \\ \dfrac{\partial}{\partial y} & \dfrac{\partial}{\partial x} \end{bmatrix},$$

$$[E] = \dfrac{E}{1-\nu^2} \begin{bmatrix} 1 & \nu & 0 \\ \nu & 1 & 0 \\ 0 & 0 & \dfrac{1-\nu}{2} \end{bmatrix}.$$

Por simplicidade, adotam-se funções de forma lineares

$$[N] = \begin{bmatrix} N_{11} & 0 & N_{13} & 0 & N_{15} & 0 \\ 0 & N_{22} & 0 & N_{24} & 0 & N_{26} \end{bmatrix}$$

$$N_{11} = N_{22} = \dfrac{1}{2A}\left[x_b y_c - x_c y_b + x(y_b - y_c) + y(x_c - x_b)\right]$$

$$N_{13} = N_{24} = \dfrac{1}{2A}\left[x_c y_a - x_a y_c + x(y_c - y_a) + y(x_a - x_c)\right]$$

$$N_{15} = N_{26} = \dfrac{1}{2A}\left[x_a y_b - x_b y_a + x(y_a - y_b) + y(x_b - x_a)\right],$$

onde

$$A = \dfrac{1}{2} \det \begin{bmatrix} 1 & x_a & y_a \\ 1 & x_b & y_b \\ 1 & x_c & y_c \end{bmatrix}$$

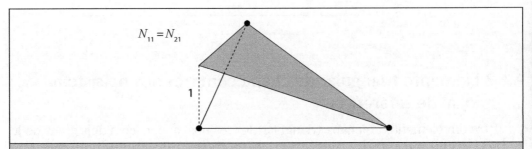

Figura A.6a – Funções de interpolação N_{11} e N_{21} de um elemento de chapa.

ANEXO A — Noções sobre o método de elementos finitos em dinâmica de estruturas 249

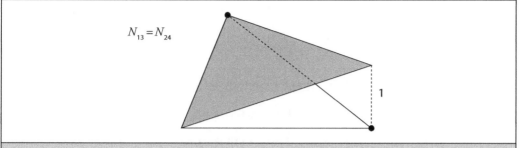

Figura A.6b – Funções de interpolação N₁₃ e N₂₄ de um elemento de chapa.

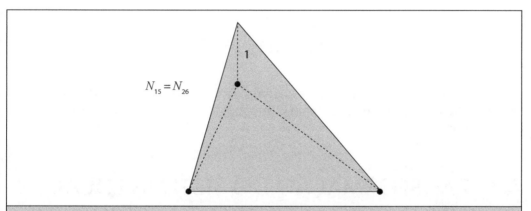

Figura A.6c – Funções de interpolação N₁₅ e N₂₆ de um elemento de chapa.

é a área do triângulo a, b, c.

Os gráficos dessas funções são apresentados nas Figuras A.6a a A.6c.

Com isso, tem-se

$$[B] = [L][N] = \frac{1}{2A} \times \begin{bmatrix} y_b - y_c & 0 & y_c - y_a & 0 & y_a - y_b & 0 \\ 0 & x_c - x_b & 0 & x_a - x_c & 0 & x_b - x_a \\ x_c - x_b & x_b - x_c & x_a - x_c & x_c - x_a & x_b - x_a & x_a - x_b \end{bmatrix}$$

Como a matriz $[B]$ é constante, a matriz de rigidez do elemento triangular de chapa de três nós e dois graus de liberdade por nó, com deslocamentos lineares, tensões constantes, no sistema local de referência fica

$$[k] = \int_V [B]^T [E][B] dV = [B]^T [E][B] At,$$

onde t é a espessura constante do elemento. A matriz de massa consistente é

$$[m] = \rho t \int_S [N]^T [N] dS.$$

A.6.4 Outros elementos mais complexos

Para outros elementos mais complexos, as integrais do tipo

$$[k] = \int_V [B]^T [E][B] dV$$

e

$$[m] = \rho \int_V [N]^T [N] dV$$

podem não ter forma fechada ou serem muito trabalhosas de serem obtidas explicitamente. Nesses casos, apela-se para a integração numérica com algoritmos como a Quadratura de Gauss.

A.7 TRANSFORMAÇÃO DO SISTEMA LOCAL PARA O SISTEMA GLOBAL DA ESTRUTURA

A.7.1 Rotação

A.7.1.1 Elemento de barra de treliça plana

Considerem-se as Figuras A.7a e A.7b que representam os vetores de deslocamentos e esforços nodais de um elemento de barra de treliça plana nos sistemas local e global da estrutura.

Pode-se escrever um em função do outro, pela transformação

$$\{p\}_e = [T]^T\{q\}, \qquad \{P\}_e = [T]^T\{Q\},$$

e sua inversa

$$\{q\} = [T]\{p\}_e, \qquad \{Q\} = [T]\{P\}_e,$$

onde a matriz de rotação 4×4 é

$$[T] = \begin{bmatrix} c & s & 0 & 0 \\ -s & c & 0 & 0 \\ 0 & 0 & c & s \\ & & -s & c \end{bmatrix},$$

ANEXO A — Noções sobre o método de elementos finitos em dinâmica de estruturas 251

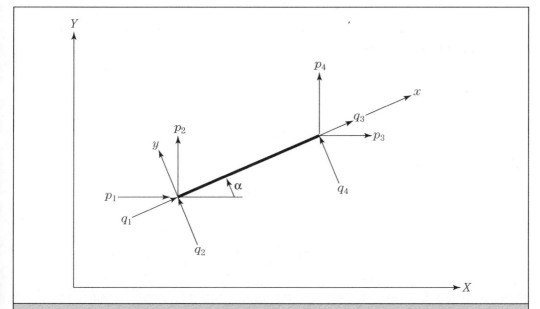

Figura A.7a – Vetor deslocamento no sistema de coordenadas local e global de elemento de treliça plana.

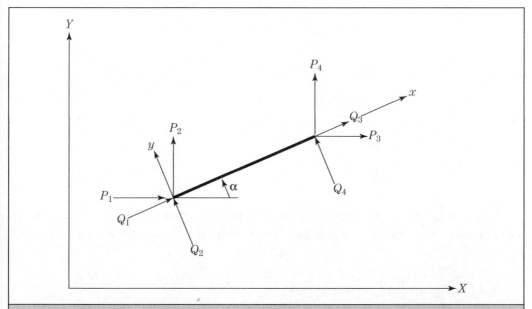

Figura A.7b – Vetor esforços nodais no sistema de coordenadas local e global de elemento de treliça plana.

onde c e s são, respectivamente, o cosseno e o seno do ângulo α formado entre o sistema local e o global de referência. Essa matriz é ortogonal, implicando que sua inversa é igual a sua transposta.

Partindo da equação de equilíbrio do elemento no sistema local de referência (admitindo, por simplicidade, não ter carregamentos de massa e de superfície, nem forças de inércia)

$$[k]\{q\} = [Q],$$

substituindo-se as transformações acima, chega-se a

$$[T]^T [k] [T]\{p\}_e = [T]\{Q\} = \{P\}_e$$

ou

$$[K]_e\{p\}_e = [P]_e,$$

onde

$$[K]_e = [T]^T[k][T]$$

é a matriz de rigidez do elemento no sistema global de referência.

Considerando-se a matriz de rotação desse tipo de elemento, pode-se escrever as matrizes de rigidez e de massa no sistema global de referência (simétricas):

$$[K]_e = \frac{EA}{L} \begin{bmatrix} cc & cs & -cc & -cs \\ & ss & -sc & -ss \\ & & cc & cs \\ & & & ss \end{bmatrix}$$

$$[M]_e = \frac{\rho AL}{6} \begin{bmatrix} 2c^2 + 2s^2 & 0 & c^2 + s^2 & 0 \\ & 2c^2 + 2s^2 & 0 & c^2 + s^2 \\ & & 2c^2 + 2s^2 & cs \\ & & & 2c^2 + 2s^2 \end{bmatrix}$$

Esta matriz de massa coincide com a obtida no sistema local de referência, ou seja, a matriz de massa de elemento de barra de treliça plana é invariante à rotação.

A.7.1.2 Elemento de pórtico plano

No caso do elemento de pórtico plano de dois nós, com três graus de liberdade por nó, tem-se a matriz de rotação 6×6:

ANEXO A — Noções sobre o método de elementos finitos em dinâmica de estruturas   253

$$[T] = \begin{array}{|c|c|c|c|c|c|}
\hline
c & s & 0 & 0 & 0 & 0 \\
\hline
-s & c & 0 & 0 & 0 & 0 \\
\hline
0 & 0 & 1 & 0 & 0 & 0 \\
\hline
0 & 0 & 0 & c & s & 0 \\
\hline
0 & 0 & 0 & -s & c & 0 \\
\hline
0 & 0 & 0 & 0 & 0 & 1 \\
\hline
\end{array}$$

e as matrizes de rigidez e de massa do elemento no sistema global de referência são:

$$[K]_e = [T]^T[k][T] \qquad [M]_e = [T]^T[m][T].$$

A.7.1.3 Elemento triangular de chapa de três nós

No caso do elemento de chapa triangular de três nós, com dois graus de liberdade por nó, tem-se a matriz de rotação 6×6:

$$[T] = \begin{array}{|c|c|c|c|c|c|}
\hline
c & s & 0 & 0 & 0 & 0 \\
\hline
-s & c & 0 & 0 & 0 & 0 \\
\hline
0 & 0 & c & s & 0 & 0 \\
\hline
0 & 0 & -s & c & 0 & 0 \\
\hline
0 & 0 & 0 & 0 & c & s \\
\hline
0 & 0 & 0 & 0 & -s & c \\
\hline
\end{array}$$

e as matrizes de rigidez e de massa do elemento no sistema global de referência são:

$$[K]_e = [T]^T[k][T] \qquad [M]_e = [T]^T[m][T].$$

Entretanto, o mais racional é já fazer os triângulos referenciados ao Sistema Global e usar diretamente as coordenadas dos nós nesse Sistema. Ainda neste caso, a matriz de massa é invariante à rotação.

A.7.2 "Espalhamento"

Tendo as matrizes e vetores de elemento no sistema global de referência, o passo seguinte é a montagem das matrizes de rigidez e de massa e do vetor de carregamento global da estrutura para se ter o sistema de equações do movimento do Processo dos Deslocamentos.

O algoritmo para tanto se constitui de uma matriz de incidência que dá a correspondência entre os graus de liberdade do elemento e os graus de liberdade da estrutura. Trata-se de um problema simples de lógica e programação.

A.8 IMPOSIÇÃO DAS CONDIÇÕES DE CONTORNO

Tendo a expressão das equações do movimento no sistema global de referência é necessário introduzir a vinculação do problema. Quando a vinculação determina que certos "graus de liberdade" correspondem a deslocamentos nulos (vinculados), basta anular as linhas e colunas correspondentes, diminuindo-se, dessa forma, as dimensões do sistema. As matrizes resultantes são denominadas reduzidas.

A situação é mais complicada quando se determinam, previamente, valores constantes não nulos para certos deslocamentos. De novo, zeram-se os elementos das linhas correspondentes, exceto os elementos da diagonal principal que é forçada a assumir valor unitário. Essa técnica destrói a simetria do problema, o que não é desejável. Algoritmos alternativos contornam o problema.

ANEXO B
PRINCIPAIS MÉTODOS NUMÉRICOS UTILIZADOS NA DINÂMICA LINEAR DE ESTRUTURAS

B.1 INTRODUÇÃO

Para se implementar computacionalmente a Análise Dinâmica de Estruturas é necessária a programação de diversos métodos numéricos. Este Anexo é destinado a um breve resumo dos seguintes métodos numéricos:

1. Resolução dos sistemas lineares – **decomposição de Cholesky**;

2. Integração numérica das equações do movimento – **Runge-Kutta de quarta e quinta ordem** e o **Método de Newmark**.

B.2 SOLUÇÃO DE SISTEMAS LINEARES

Os sistemas lineares em engenharia desempenham papel importante, já que tais sistemas constituem a aproximação mais simples para interpretação matemática de fenômenos originalmente muito complexos.

Sendo assim, considere-se, então, o sistema de equações

$$Ax = b,$$

onde

$$A = \begin{bmatrix} a_{11} & a_{12} & \cdots & a_{1n} \\ a_{21} & a_{22} & \cdots & a_{2n} \\ \vdots & \vdots & & \vdots \\ a_{n1} & a_{n2} & \cdots & a_{nn} \end{bmatrix} \qquad b = \begin{bmatrix} b_1 \\ b_2 \\ \vdots \\ b_n \end{bmatrix}$$

256 — Introdução à dinâmica das estruturas para a Engenharia Civil

são dados, e

$$x = \begin{bmatrix} x_1 \\ x_2 \\ \vdots \\ x_n \end{bmatrix}$$

é a incógnita.

Existem dois grandes grupos de métodos para se determinar x acima: Os métodos diretos e os iterativos. Os métodos diretos fornecem a solução exata do sistema linear em um número finito de passos. No presente trabalho, apresenta-se apenas o método direto de Decomposição de Cholesky, usual nos casos em que A é definida positiva e simétrica, o que ocorre no caso da Dinâmica Linear de Estruturas.

O Teorema de Choleski, é o seguinte: se A for definida positiva e simétrica, então existe R triangular superior com diagonal positiva, tal que $A = R^T R$, e que esta decomposição é única. Tem-se a seguinte equação para se determinar os componentes da matriz R:

$$R_{ii} = \left[A_{ii} - \left(R_{1i}^2 + R_{2i}^2 + \dots + R_{(i-1)i}^2 \right) \right]^{\frac{1}{2}}$$

$$R_{ij} = \left[A_{ij} - \left(R_{1i}R_{1j} + R_{2i}R_{2j} + \dots + R_{(i-1)i}R_{(i-1)j} \right) \right]/R_{ii},$$

onde $i = 1, \dots, n$ e $j = i + 1, \dots, n$. Observa-se que uma ordem conveniente para se resolver as equações acima é $R_{11}, R_{12}, \dots, R_{1n}, R_{22}, R_{23}, \dots, R_{2n}, R_{33}, \dots, R_{nn}$.

Uma vez obtido R, a solução do sistema $Ax = b$ fica reduzida à solução de dois sistemas triangulares

$$R^T y = b \quad \text{e} \quad R = y.$$

Para resolvê-los, utilizam-se os procedimentos

$$y_i = \left[b_i - \left(R_{1i}y_1 + R_{2i}y_2 + \dots + R_{(i-1)i}y_{(i-1)} \right) \right]/R_{ii}; \quad i = 1, \dots, n$$

e

$$x_i = \left[y_i - \left(R_{in}x_n + R_{i(n-1)}x_{(n-1)} + \dots + R_{i(i+1)}x_{(i+1)} \right) \right]/R_{ii}; \quad i = n, \dots, 1$$

ANEXO B — Principais métodos numéricos utilizados na dinâmica linear de estruturas 257

B.3 MÉTODOS DE INTEGRAÇÃO NUMÉRICA NO TEMPO DE SISTEMA DE EQUAÇÕES DIFERENCIAIS ORDINÁRIAS DE PRIMEIRA E SEGUNDA ORDEM

B.3.1 Introdução

Como visto ao longo do presente trabalho, os problemas de Dinâmica Estrutural aqui apresentados são regidos por sistemas de equações diferenciais ordinárias. Foi apresentado o Método de Superposição Modal como uma maneira possível de se resolver este tipo de problema. Uma alternativa ao Método da Superposição Modal seria a integração direta no tempo, passo a passo, das equações do movimento originais, sem cálculo dos modos. Nesta seção, realiza-se uma breve revisão sobre sistemas de equações diferenciais ordinárias de 1^a e 2ª ordem e se apresentam métodos numéricos para resolvê-los.

Nos sistemas de segunda ordem, analisam-se apenas o caso de equações diferenciais lineares com coeficientes constantes, enquanto que para os de primeira ordem são apresentados métodos mais gerais.

B.3.2 Métodos Runge–Kutta de quarta e quinta ordem

As equações diferenciais ordinárias de primeira ordem analisadas neste estudo são consideradas normais, e, consequentemente, podem ser colocadas na forma

$$z'(x) = f(x, z(x)), \qquad x \geq x_0,$$

onde $z(x)$ é a função a ser determinada. $z(x_0)$ é denominado valor inicial de $z(x)$. A função dada $f(x, z(x))$ define a equação diferencial, que pode ser linear ou não. Essa equação é denominada de primeira ordem porque contém a função incógnita com derivadas de primeira ordem. Um sistema de equações diferenciais ordinárias de primeira ordem pode ser definido como

$$\boldsymbol{z}'(\boldsymbol{x}) = \boldsymbol{f}(\boldsymbol{x}, \boldsymbol{z}(x)), \qquad x \geq x_0$$

$\boldsymbol{z}(\boldsymbol{x})$ é um vetor n-dimensional, x a variável independente e $\boldsymbol{f}(x, \boldsymbol{z}(x))$ uma função vetorial n-dimensional. Para que essa equação apresente uma única solução, o valor de $\boldsymbol{z}(\boldsymbol{x})$ deve ser conhecido em $x = x_0$.

Uma equação de ordem maior que um pode ser reformulada e apresentada como um sistema de equações de primeira ordem. Então os métodos numéricos desta seção podem ser estendidos a sistemas de segunda ordem, que é o caso da Dinâmica das Estruturas.

258 — Introdução à dinâmica das estruturas para a Engenharia Civil

Considere $x \in [x_0, x_{m-1}]$. Este intervalo pode ser dividido em $m-1$ intervalos, na forma, $[x_0, ..., x_{k-1}, x_k, x_{k+1}, ..., x_{m-1}]$, onde a distância entre dois pontos consecutivos é uma constante de valor igual a h. Neste contexto o Método Runge–Kutta de quarta ordem pode ser resumido pelas expressões

$$z(x_{k+1}) = z(x_k) + \frac{k_1 + 2k_2 + 2k_3 + k_4}{6},$$

onde

$$k_1 = h\,f(z(x_k),\, x_k),$$
$$k_2 = h\,f(z(x_k) + 0{,}5k_1,\, x_k + 0{,}5h),$$
$$k_3 = h\,f(z(x_k) + 0{,}5k_2,\, x_k + 0{,}5h)\ \text{e}$$
$$k_4 = h\,f(z(x_k) + k_3,\, x_k + h).$$

O Método Runge–Kutta de quinta ordem pode ser descrito por

$$z(x_{k+1}) = z(x_k) + \frac{23k_1 + 125k_3 - 81k_5 + 125k_6}{192},$$

sendo que

$$k_1 = h\,f(z(x_k),\, x_k),$$
$$k_2 = h\,f\left(z(x_k) + \frac{k_1}{3},\, x_k + \frac{h}{3} \right),$$
$$k_3 = h\,f\left(z(x_k) + \frac{6k_2 + 4k_1}{25},\, x_k + 0{,}4h \right),$$
$$k_4 = h\,f\left(z(x_k) + \frac{15k_3 - 12k_2 + k_1}{4},\, x_k + h \right),$$
$$k_5 = h\,f\left(z(x_k) + \frac{8k_4 - 50k_3 + 90k_2 + 6k_1}{81},\, x_k + \frac{2h}{3} \right)\ \text{e}$$
$$k_6 = h\,f\left(z(x_k) + \frac{8k_4 + 10k_3 + 36k_2 + 6k_1}{75},\, x_k + 0{,}8h \right).$$

Observa-se que nas equações acima não há nenhuma exigência sobre linearidade de $f(z(x), x)$.

B.3.3 Método de Newmark

O Método de Newmark normalmente já vem implementado nos programas comerciais de elementos finitos destinados à solução de problemas estruturais dinâmicos. Como ilustração, apresenta-se, aqui, a formulação desse algoritmo.

ANEXO B — Principais métodos numéricos utilizados na dinâmica linear de estruturas 259

O problema é: dados os vetores de deslocamento, velocidades e acelerações conhecidos em um dado instante t, u_t, $\dot{u}_t$ e $\ddot{u}_t$, determinar esses mesmos vetores em um instante seguinte $t + \Delta t$. Para tanto, admite-se que os vetores procurados possam ser escritos como uma combinação linear dos vetores conhecidos e do incremento de deslocamentos do passo Δu (desconhecido) na forma:

$$u_{t+\Delta t} = u_t + \Delta u$$
$$\dot{u}_{t+\Delta t} = b_0 \Delta u - b_2 \dot{u}_t - b_3 \ddot{u}_t$$
$$\ddot{u}_{t+\Delta t} = b_1 \Delta u - b_4 \dot{u}_t - b_5 \ddot{u}_t.$$

Os coeficientes dessas combinações são escolhidos de forma a aproximar, o melhor possível, a variação desses vetores no intervalo de tempo do passo considerado. Na proposta original de Newmark, admite-se que a aceleração no intervalo permaneça constante e igual à média dos seus valores nas extremidades do passo de tempo adotado. Com essa suposição os coeficientes valem:

$$b_0 = \frac{2}{t} \qquad b_1 = \frac{4}{t^2} \qquad b_2 = 1$$

$$b_3 = 0 \qquad b_4 = \frac{4}{t} \qquad b_5 = 1$$

De qualquer forma, independentemente desses valores, substituem-se as aproximações na equação do movimento no instante $t + \Delta t$, obtendo-se um sistema de equações algébricas que nos dá o valor dos incrementos de deslocamentos no passo, na forma

$$\hat{K}\Delta u = \hat{p}_{t+\Delta t},$$

onde tem-se a rigidez equivalente

$$\hat{K} = b_1 M + b_0 C + K$$

e a carga equivalente do passo

$$\hat{p}_{t+\Delta t} = p_{t+\Delta t} + M\left(b_2 \dot{u}_t + b_3 \ddot{u}_t\right) + C\left(b_4 \dot{u}_t + b_5 \ddot{u}_t\right) - K u_t.$$

Resolvido esse sistema de equações algébricas e, portanto, determinados os acréscimos de deslocamentos do passo, os novos valores de deslocamentos, velocidades e acelerações estarão determinados pelas aproximações adotadas de início.

Também nesse método não é exigida a linearidade do sistema. Entretanto, se o sistema for linear, é possível provar que o Método de Newmark, com a hipótese de aceleração média constante em cada intervalo de tempo, é **incondicionalmente estável**, independentemente da duração do passo de integração.

ANEXO C
DECOMPOSIÇÃO DE CARREGAMENTOS PELA ANÁLISE DE FOURIER

C.1 INTRODUÇÃO

No Capítulo 2 deste livro, é apresentada a solução da equação do movimento de um oscilador linear de 1 grau de liberdade, sob carregamento harmônico.

$$M\ddot{u} + C\dot{u} + Ku = p_0 \,\text{sen}\Omega t,$$

ou

$$\ddot{u} + 2\xi\omega\dot{u} + \omega^2 u = \frac{p_0}{M}\,\text{sen}\,\Omega t.$$

O histórico de resposta tem duas etapas ao longo do tempo. A primeira é chamada de regime transiente, em que uma vibração livre amortecida, cujas características dependem das condições iniciais, sobrepõe-se à resposta forçada e é, em geral, de pouco interesse. A segunda é denominada de regime permanente, ou estacionário. Nela, a vibração livre inicialmente sobreposta desaparece em razão do amortecimento, levando a uma resposta harmônica, com a mesma frequência do carregamento, porém fora de fase, em virtude do amortecimento, na forma

$$u(t) = \rho \,\text{sen}(\Omega t - \theta),$$

com amplitude

$$\rho = \frac{p_0}{K} \frac{1}{\sqrt{(1 - \beta^2)^2 + (2\xi\beta)^2}}$$

onde $\beta = \Omega/\omega$, e ângulo de fase

$$\theta = \tan^{-1}\left(\frac{2\xi\beta}{1 - \beta^2}\right)$$

262 Introdução à dinâmica das estruturas para a Engenharia Civil

Pode-se observar que, como já dito, é um movimento harmônico com frequência igual à da excitação e amplitude igual à resposta estática p_0/K multiplicada por um "coeficiente de amplificação dinâmica" na forma

$$D = \frac{1}{\sqrt{(1 - \beta^2)^2 + (2\xi\beta)^2}}.$$

Quando, no entanto, o carregamento não é harmônico, pode-se, em princípio, decompô-lo em componentes harmônicas pela análise de Fourier. A resposta final é obtida pela superposição das respostas para cada harmônico. É importantíssimo lembrar que isso só é possível para sistemas lineares.

Uma analogia útil para o entendimento é de que análise de Fourier funciona como um prisma que separa a luz em suas cores componentes.

C.2 SÉRIES DE FOURIER

O grande matemático e físico francês Jean Baptiste Joseph Fourier, conhecido como o "poeta da matemática", legou à humanidade (em seu livro de 1822, *La theorie analytique de chaleur*) a descoberta de que uma função periódica arbitrária pode ser sintetizada por uma soma de componentes harmônicas. A propósito, Euler, d'Alembert e Lagrange, a seu tempo, não aceitavam que isso fosse possível no caso geral, como se provou ao longo da história que, de fato, o é.

Na dinâmica de estruturas, pode-se reconstituir um carregamento periódico qualquer $p(t)$, de período fundamental (o mais longo) T_1, como uma série de cossenos e senos:

$$p(t) = a_o + 2\sum_{k=1}^{\infty} (a_k \cos k\Omega_1 t + b_k senk\Omega_1 t),$$

onde

$$\Omega_1 = 2\pi f_1 = \frac{2\pi}{T_1}$$

é frequência fundamental (em rad/s). Mais exatamente, é o intervalo entre cada duas frequências consecutivas de harmônicos. Como são igualmente espaçadas, a frequência de cada harmônico é

$$\Omega_k = k\Omega_1.$$

O valor médio da carga no período fundamental (que pode ser nulo) é

$$a_0 = \frac{1}{T_1}\int_0^{T_1} p(t)\,dt,$$

ANEXO C — Decomposição de carregamentos pela análise de Fourier 263

enquanto as amplitudes

$$a_k = \frac{1}{T_1} \int_0^{T_1} p(t) \cos k\Omega_1 t \, dt \qquad e \qquad b_k = \frac{1}{T_1} \int_0^{T_1} p(t) sen k\Omega_1 t \, dt$$

são médias ponderadas da carga no período fundamental, em que as funções de ponderação são funções harmônicas (cossenos e senos). Mais especificamente, multiplicam-se essas funções para cada um dos harmônicos e faz-se uma média de cada um desses produtos de funções. Assim, obtém-se uma amplitude para cada harmônico que dá uma ideia exata de sua importância relativa na sintetização da função original. Ao se plotar o valor dessas amplitudes ordenadas em gráficos de barras com as frequências em abscissas, obtém-se um ESPECTRO do carregamento (em duas partes, um espectro para as amplitudes dos cossenos e outro para as dos senos).

C.3 AS TRANSFORMADAS DE FOURIER

A extensão dos conceitos da seção anterior ao caso de carregamentos gerais não periódicos se faz, de forma heurística, admitindo-se que o "período" fundamental T_1 (que na verdade não existe, para uma função não periódica) tende ao infinito, ou, o que dá no mesmo, que a frequência fundamental Ω_1 tende a um valor infinitesimal $d\Omega$. Assim, a somatória de funções harmônicas que sintetizam o carregamento $p(t)$ tende a uma integral, chamada de Transformada Inversa de Fourier:

$$p(t) = 2\int_0^\infty A(\Omega) \cos \Omega t \, d\Omega + 2\int_0^\infty B(\Omega) sen \Omega t \, d\Omega$$

As amplitudes dos harmônicos deixam de ser valores discretos e passam a ser funções contínuas das frequências, as Transformadas de Fourier, que dão a noção física da importância relativa da amplitude correspondente a cada valor de frequência, na forma:

$$A(\Omega) = \frac{1}{2\pi} \int_{-\infty}^\infty p(t) \cos \Omega t \, dt \qquad e \qquad B(\Omega) = \frac{1}{2\pi} \int_{-\infty}^\infty p(t) sen \Omega t \, dt.$$

Assim, um gráfico dessas transformadas em função das frequências é uma curva contínua, o espectro contínuo do carregamento não periódico dado.

C.4 A TRANSFORMADA DISCRETA DE FOURIER (DFT)

Por mais elegante que seja a formulação matemática apresentada, a determinação das transformadas é um trabalho penoso, mesmo quando se conhece a expressão analítica da excitação (o que é muito raro). Na prática, o que acaba acontecendo é que só se dispõe do carregamento na forma de uma lista de valores discretos amostrados no campo a partir de um fenômeno físico real (o vento, por exemplo) em uma série de instantes discretos. Nesse caso, é necessário ter-se um algoritmo numérico para computação das transformadas.

Admitam-se conhecidos N valores p_r ($r = 0, 1, 2, ..., N - 1$) do carregamento ao longo de um "período" T (em s) constituído de lapsos de tempo pequenos, porém finitos, de duração h (em s), de forma que $h = T/N$. Para essa excitação "periódica" hipotética, podem-se determinar os coeficientes das equações por integração numérica. Quanto mais pontos houver, mais exata é essa determinação e mais simples pode ser o algoritmo de integração numérica. Usando área de retângulos tem-se:

$$A_k = \frac{1}{N} \sum_{r=0}^{N-1} p_r \left(\cos \tfrac{2\pi k}{N} r \right) \qquad \text{ou} \qquad A_k = \frac{1}{T} \sum_{r=0}^{N-1} p_r \left(\cos \tfrac{2\pi k}{T} rh \right) h,$$

$$B_k = \frac{1}{N} \sum_{r=0}^{N-1} p_r \left(\operatorname{sen} \tfrac{2\pi k}{N} r \right) \qquad \text{ou} \qquad B_k = \frac{1}{T} \sum_{r=0}^{N-1} p_r \left(\operatorname{sen} \tfrac{2\pi k}{T} rh \right) h$$

C.5 A TRANSFORMADA RÁPIDA DE FOURIER (FFT)

Quando se implementa diretamente o algoritmo DFT, realizam-se N avaliações das funções cosseno e seno e N^2 produtos. A Transformada Rápida de Fourier FFT (*Fast Fourier Transform*, em inglês) nada mais é que um engenhoso algoritmo computacional para avaliação da DFT em que o número de operações cai para a ordem de $N \log_2 N$. Se, por exemplo, tem-se uma série de 2^{15} números, a FFT realizará apenas cerca de 1/2.000 do trabalho envolvido na DFT. Além da óbvia vantagem em tempo, tem-se, por acréscimo, um menor acúmulo de erros numéricos de truncamento ou arredondamento.

Apenas como notícia histórica, o algoritmo FFT foi apresentado em 1965 por J. W. Cooley, então membro do J. Watson Research Center da IBM, baseado em ideia de J. W. Tukey. Este último teve entre suas fontes de inspiração um trabalho de Lanczos, de 1942, sobre difração de Raios-X. É considerado o mais engenhoso algoritmo numérico do século XX e é de uma simplicidade impressionante. Hoje, está implementado até em estado sólido em "chips" dedicados, estando disponível também em programas populares como o Microsoft Excel, Mathematica, MathLab, MathCad etc. É o responsável pela atual possibilidade de compactação de imagens, identificação de fala, de digitais, de pupilas etc.

C.6 EXEMPLO DA DECOMPOSIÇÃO DE UMA ONDA QUADRADA EM SÉRIE DE FOURIER

Considere-se um carregamento em forma de uma onda quadrada $p(t)$, mostrada na Figura C.1. As decomposições no primeiro, segundo e terceiro harmônicos são denominadas por f_1, f_2 e f_3 respectivamente. Observa-se, na figura, que apenas três harmônicos já capturam o formato da onda quadrada. À medida que se aumenta o número de harmônicos, essa aproximação se torna cada vez melhor.

É interessante notar que se trata de uma onda "ímpar", ou seja, a função à esquerda da origem, para um dado tempo $-t$, tem mesmo valor absoluto e sinal trocado em relação a um tempo t à direita da origem. O exemplo clássico desse tipo de onda é a função seno. Assim, a decomposição da onda quadrada do exemplo é apenas em senos, com várias amplitudes.

Para complementar, em uma onda "par" a função à esquerda da origem, para um dado tempo $-t$, tem mesmo valor e mesmo sinal em relação a um tempo t à direita da origem. O exemplo clássico deste tipo de onda é a função cosseno.

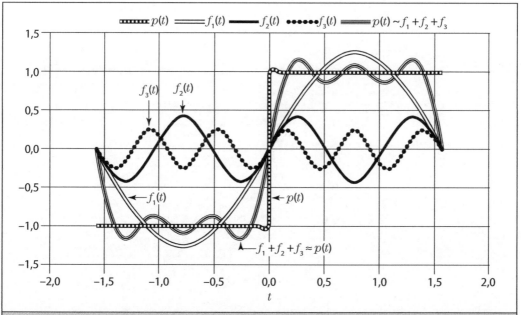

Figura C.1 – Decomposição de uma onda quadrada em série de Fourier.

BIBLIOGRAFIA

ABNT (Associação Brasileira de Normas Técnicas). *NBR 6123:1988, Forças devidas ao vento em edificações*. Rio de Janeiro: ABNT, 1988.

ABNT (Associação Brasileira de Normas Técnicas). *NBR 6118:2003, Projeto de estruturas de concreto*: procedimento. Rio de Janeiro: ABNT, 2003.

ABNT (Associação Brasileira de Normas Técnicas). *NBR 8800:2008, Projeto de estruturas de aço e de estruturas mistas de aço e concreto de edifícios*. Rio de Janeiro: ABNT, 2008.

ABNT (Associação Brasileira de Normas Técnicas). *NBR 15421:2006, Projeto de estruturas resistentes a sismos*: procedimento. Rio de Janeiro: ABNT, 2006.

ALMEIDA NETO, E. S. *Introdução à análise dinâmica de fundações de máquinas*. 1989. Dissertação (Mestrado) – PEF/EPUSP, São Paulo, 1989.

ARYA, S.; O'NEILL, M.; PINCUS, G. *Design of structures and foundations for vibrating machines*. Houston: Gulf Pub. Co., 1979.

ACIS (Associación Colombiana de Ingenieria Sísmica). *NSR-98, Normas colombianas de diseño y construcción sismo resistente*. Bogotá, Colômbia: ACIS, 1998.

BACHMANN, H.; AMMANN, W. J.; DEISCH. F. *Vibration problems in structures*: practical guidelines. New York: Springer Verlag, 1995.

BRASIL, R. M. L. R. F. Programas de Microcomputador para análise dinâmica de estruturas. Parte 1: um grau de liberdade. *Boletim Técnico*. São Paulo: PEF/EPUSP, EPUSP, 1992.

BRASIL, R. M. L. R. F. Programas de microcomputador para análise dinâmica de estruturas. Parte 2: vários graus de liberdade. *Boletim Técnico*. São Paulo: PEF/EPUSP, EPUSP, 1992.

CLOUGH, R. W.; PENZIEN, J. *Dynamics of structures*. 2. ed. New York: McGraw--Hill, 1993.

FONDONORMA (Fundo para la normalización y certificación de la calidad). *Norma Venezolana COVENIN 1756:2001-1, Edificaciones sismoresitentes*. Caracas, Venezuela: FONDONORMA, 2001.

FRANCO, M., *Direct along-wind dynamic analysis of tall structures. Boletim Técnico*. São Paulo: PEF/EPUSP, EPUSP, 1993.

INN (Instituto Nacional de Normalización). NCh 2369.Of2003, *Diseño sísmico de estructuras e instalaciones industriales*. Santiago, Chile: INN, 2003.

NTE. National Building Code, *Technical Standard of Building NTE.030, Earthquake-resistant Design*. Lima, Peru: NTE, 2003.

SILVA, Marcelo Araujo da, ARORA, J. S., BRASIL, R. M. L. R. F. *Dynamic Analysis of Pre-Cast RC Telecommunications Towers Using a Simplified Model*. In: Design and Analysis of Materials and Engineering Structures. 1 ed. Berlin, Heidelberg: Springer-Verlag, 2013, v.32, p. 97-116.

SRINIVASULU; VAIDYANATHAN. *Handbook of machine foundations*. New Delhi: McGraw-Hill, 1976.